天下文化
BELIEVE IN READING

科學天地 150A

數學教你不犯錯／下

搞定期望值、認清迴歸趨勢、弄懂存在性

HOW NOT
TO BE WRONG

The Power of Mathematical Thinking

艾倫伯格／著　李國偉／譯

數學教你不犯錯
搞定期望值、認清迴歸趨勢、弄懂存在性

下
__contents

PART III 期望值是什麼？

HOW NOT TO BE WRONG

The Power of Mathematical Thinking

PART IV 認清迴歸，不錯估趨勢

HOW NOT TO BE WRONG
The Power of Mathematical Thinking

PART V 存在性的真實意義

數學教你不犯錯 上／
不落入線性思考，避免錯誤推論／__contents

HOW NOT
TO BE WRONG
The Power of Mathematical Thinking

━◆━━◆━ 獻給譚雅 ━◆━━◆━

數學裡的精華，不要只是學會就好，
　　而應該把它融入日常思維裡，
並且持續勉勵自己在心中一再使用。

──羅素（Bertrand Russell），
摘自 1902 年出版的《數學研究》
（ *The Study of Mathematics* ）

PART III
期望值是什麼？

第11章

你期望贏得樂透時，是在期望什麼

　　你該玩樂透嗎？

　　一般認為，回答不該才是精明。有句老話說，樂透是「笨人繳的稅」，是政府犧牲那些遭誤導去買樂透的人所攫取的收入。如果你把樂透看成稅收，你就知道為什麼美國各州的財政局都喜歡樂透。還有別的稅目能讓人在便利商店排長隊去繳嗎？

　　樂透吸引人並非新鮮事，它起源於十七世紀的熱那亞，是從選舉制度中意外產生的。熱那亞每六個月就要從執政委員會裡挑兩位來擔任首長，他們不採用投票選舉，而是以抽籤的方式決定人選：從 120 張寫著委員名字的籤條中抽出 2 張。沒多久，城裡的賭徒就開始對人選投注龐大賭金。後來，對首長人選下注變得非常受歡迎，賭徒愈來愈難忍到選舉日才玩心愛的遊戲，不過他們很快就理解，如果只是對紙條堆裡挑出的紙條下注，根本不需要靠選舉這檔事。於是數字取代了政客的名字，熱那亞從 1700 年起就開始舉辦樂透。當時的樂透在現代威力球（Powerball）玩家眼

中，一定很眼熟：投注的人猜五個隨機抽出的號碼，猜中的號碼愈多，獎金愈豐厚。

樂透很快就風靡全歐洲，再飄洋過海到美洲。在美國獨立戰爭期間，大陸會議與各州政府都用樂透來籌措軍費以對抗英軍。哈佛大學基金在還沒有累積到九位數之前，也曾於 1794 年與 1810 年辦樂透，籌款興建兩幢大樓。（那兩幢大樓至今還在當新生宿舍使用。）

但並不是每個人都讚許這種發展。道德家認為樂透其實就是賭博，他們這麼想也沒有錯。亞當・斯密（Adam Smith）也反對樂透，他在《國富論》裡說：

> 從樂透彩在各地都經營得很成功的事實看出，人們很自然會把獲利機會估得過高。完全公平的樂透，也就是全部得利可抵償全部損失的，不僅從來沒有過，以後也不會有。因為要是這樣，經營者就一無所得。……獎金不超過二十磅的樂透彩，縱使在其他方面比一般國營樂透彩更接近於完全公平，但買這種樂透的人恐怕要少得多。為了增加中大獎的機會，有的人會同時購買數張樂透，有的人會合買更多張。但是，你冒險購買愈多的樂透彩，你就愈可能輸，這是數學上再確定不過的定則。假若你冒險購買全部的樂透彩，你肯定會虧損。你購買的張數愈多，損失就愈接近於上述肯定的損失。

亞當・斯密的文筆鏗鏘有力，量化思想的做法也確實令人欽佩，但是你不應該盲目相信他的結論。嚴格來說，他的結論是不正

確的。一般買樂透的人，並不覺得買兩組會比一組更容易成為輸家，反而應該是有加倍贏的機會。這種想法才是正確的！當樂透的獎勵制度比較單純時，你自己都不難檢查這件事。假設樂透有一千萬組號碼，而只有一個贏家，其中每組號碼賣 1 元，大獎是 6 百萬元。

買了全部的號碼的人，是花 1 千萬元來獲得 6 百萬元獎金。換句話說，正如亞當·斯密所說，採取這種策略注定會成為輸家，而且整整輸掉 4 百萬元。相較之下，僅買 1 組號碼的小本經營者比較有利，至少他有千萬分之一的機會可以贏！

但如果你買 2 組號碼會怎麼樣？你輸的機會必定會降低，雖然只是從千萬分之 9,999,999 降到千萬分之 9,999,998。然而只要你繼續買進號碼組，成為輸家的機會就持續下降，直到你買進 6 百萬組號碼為止。到那時，你贏得樂透並使獎金跟成本打平的機會剛好是 60%，你只有 40% 的機會成為輸家。這跟亞當·斯密講的相反，你買更多樂透反倒讓自己更不容易輸錢。

然而再多買一組號碼，你就必定輸錢（至於是輸掉 1 元還是 4,000,001 元，就看你是否中獎而定）。

我們很難重新建構亞當·斯密的推理過程，不過他很可能是「所有曲線都是直線」錯誤觀的犧牲者，才會認為既然買光所有樂透號碼必輸無疑，那麼買愈多自然愈可能輸錢。

買六百萬組號碼能使輸錢的機會降到最低，但這不表示樂透就該這樣玩，因為輸多少事關緊要。僅買一組號碼的人幾乎必輸無疑，不過他知道輸這點錢不算什麼。買六百萬組號碼的人雖然輸的機會比較低，但是處境卻岌岌可危。或許你會覺得這兩種選擇都不

怎麼聰明。就像亞當・斯密指出的那樣，如果國家必定贏得樂透，在賭局中選擇跟國家不同立場並不是好主意。

亞當・斯密反對樂透的論點中缺乏了期望值的概念，那是亞當・斯密直覺上試圖表達的數學概念。它的功用如下，假設我們持有一個物件，但不確定它的金錢價值，譬如說一組樂透號碼：

9,999,999/10,000,000 次：號碼組一文不值

1/10,000,000 次：號碼組值 6 百萬元

儘管有不確定性，我們還是願意賦予每組號碼一個確定的價值。為什麼？好吧，倘若有一個傢伙願意用 1.2 元買一組號碼，那麼我是該保留這組號碼，還是為了賺 2 角就賣給他呢？答案取決於我賦予號碼組的價值，是低於還是高於 1.2 元而定。

現在來計算一組樂透號碼的期望值，我們把任一種可能結果的出現機率，乘上那個結果的價值。在下面簡化的例子裡，一共只有兩種結果：贏或輸，而你得到

9,999,999/10,000,000 × 0 元＝0 元

1/10,000,000 × 6,000,000 元＝6 角

再把上面的結果加總：

0 元＋6 角＝6 角

　　所以你對那一組號碼的期望值是 6 角。因此如果有樂透迷跑來對你說，願意用 1.2 元買你手上的那組號碼，期望值告訴你應該成交，但事實上期望值要告訴你的是，一開始就不應該花那 1 元去買一組號碼。

期望值不是你所期望的值

　　期望值是另一個不太名符其實的數學概念，有點類似前面討論的顯著性。我們當然不會「期望」一組樂透號碼才值 6 角，相反的它要嘛值 1 千萬元，要嘛一文不值，沒有居於中間的價值。

　　類似的例子，假設我對我認為有 10% 機會，會跑出第一名的狗押了 10 元的賭注。如果那隻狗贏了，那麼我會得到 100 元；如果那隻狗輸了，我就什麼也得不到。這場賭局的期望值是

$$（10\% \times 100 \text{ 元}）+（90\% \times 0 \text{ 元}）= 10 \text{ 元}$$

　　當然，這並非我期望的結局。其實 10 元根本不是可能的結果，更不是我期望的結果。期望值更恰當的名稱或許應該是「平均值」，因為期望值真正量度的是，如果我對許多隻這樣的狗押了許多次同樣的賭注，我期望發生的結果。打個比方，這種每注 10 元的賭局我賭了一千次，或許會贏一百次左右（大數法則再次起作用），每次都贏 100 元，總共贏了 1 萬元。所以我那一千次的賭注，每注平均贏回來的是 10 元，長時間看來很可能不賺不賠。

　　期望值很適合用來標定物件的恰當價格，例如在真正價值並不確定的賭狗場合。如果我用 12 元下一注，長期下去我很可能會

輸錢；反過來說如果我可以用 8 元下一注，那我或許應該盡量下注。* 現在很少有人還在賭狗，但是不論是對賭票、股票、樂透定價，或為人壽保險定費率，期望值都可產生同樣的作用。

百萬英鎊法案

　　數學家從十七世紀中葉才開始關注期望值這個觀念，而到了那個世紀末，大家就已經對它理解得相當透澈，連像英格蘭皇家天文學家†哈雷（Edmond Halley）這類的實用科學家都會運用。沒錯，就是發現彗星的那位哈雷！他也是最早研究如何設定保險費的科學家，在威廉三世統治期間，這是攸關國防的要事。

　　英格蘭熱切投身歐陸戰爭，但打仗很花錢，於是國會在 1692 年提案通過了「百萬英鎊法案」來籌措必要資金，以向大眾出售終身年金來籌得一百萬英鎊。購買年金的意思是先付王室一筆錢，然後可保障終身每年提領若干金額。這是反向的人壽保險，購買年金的人基本上是賭自己不會早死。由於那個時代的精算科學還非常粗糙，因此年金的售價與購買者的年齡脫鉤。‡ 老祖父的終身年金很可能只需給付十年，但售價居然跟小朋友的一樣。

　　哈雷的科學素養讓他理解，定價與年齡脫鉤是荒謬的事，他下定決心要研究出更合理的年金計價方式。但困難的是，人並不像彗星一樣，會按照固定的時間表來來去去。然而透過新生與死亡的統

---

* 如果更細緻的分析「恰當價格」，應該考慮我對風險的感受；我們會在下一章檢討這個問題。

† 現在還有這個職位！不過基本上是名譽職位，因為從查理二世在 1675 年以年薪一百英鎊設立這個位置迄今，都沒有調漲薪資。

‡ 別的國家，像第三世紀的羅馬，就瞭解年金賣給年輕人的價格應該較高才合理。

計，哈雷就能估計每位年金購買者的存活機率，計算出年金的期望值：「顯然購買年金的人應該依他存活的機率，付出相應的金額；這需要每年計算一次，最後把那些年度價值加總後，就是購買者終身年金的價值。」

換句話說，老爺爺未來的日子比較短，所以年金的購買價格比小孫兒的便宜。

「確實是顯然的。」

打個岔：每當我講哈雷與年金售價的故事時，經常會有人打斷我說：「賣給年輕人應該貴一點，那不是顯然的嗎？」

其實這並不顯然。如果你像現代人一樣都知道這回事，那麼它確實是顯然的。但是管理年金的人卻對此一再漠視，證明了它並不顯然。數學裡有太多概念今日看來很顯然，譬如負數的量可以加減、用兩個數代表平面上的點很管用、不確定事件的機率能用數學來描述與操作，但這些其實原來都不那麼顯然。倘若它們真的顯然，就不會那麼晚才出現在人類歷史裡了。

這讓我想起哈佛數學系的一個老故事，故事主角是一位德高望重的俄羅斯教授，我們姑隱其名，就稱他為 O 教授好了。有一次 O 教授正在算一個複雜的代數推導，坐在教室後面的一位學生突然舉手發問：

「O 教授，我不懂剛剛的最後一步。為什麼兩個運算次序可以交換？」

教授抬了抬眉毛說：「那是顯然的。」

但是學生不放棄：「O 教授，很抱歉，但我就是不明白。」

　　於是 O 教授在黑板上多加了幾行解釋，他說：「我們該做什麼呢？你看，兩個算子都可以對角線化……啊，不是精確的對角線化，而是……等一下……」O 教授停頓了一會兒，抓耳撓腮瞪著黑板上寫的東西。然後，他跑回研究室，大約過了十分鐘，學生正準備離開教室時，O 教授又走進教室站在黑板前，滿意的說：「沒錯，確實是顯然的。」

要玩威力球嗎？

　　目前美國的四十二個州以及華盛頓特區與美屬維京群島，可以玩威力球這種樂透。威力球非常受歡迎，有時候一期能賣出一億組號碼。窮人玩威力球，富人也玩威力球。我父親曾經擔任過美國統計協會的會長，他也玩威力球。他還常常給我威力球彩券，所以我也算是玩過吧。

　　玩威力球明智嗎？

　　2013 年 12 月 6 日，就是我寫這段文字的時候，頭獎已經達到一億美元。威力球跟其他許多樂透一樣，除了頭獎，還設有大小不一的獎項；那些比較容易中獎的小額獎項，讓人覺得值得試試手氣。

　　我們可以用期望值來檢驗人們的感受與數學事實的對比。一張 2 元的彩券，期望值可計算如下。你投注時，買的是：

　　1/175,000,000 的機會得到 1 億元的頭獎

　　1/5,000,000 的機會得到 1 百萬元獎金

　　1/650,000 的機會得到 1 萬元獎金

1/19,000 的機會得到 1 百元獎金

1/12,000 的機會得到另一類的 1 百元獎金

1/700 的機會得到 7 元獎金

1/360 的機會得到另一類的 7 元獎金

1/110 的機會得到 4 元獎金

1/55 的機會得到另一類的 4 元獎金

（你可以從威力球的網頁拿到以上所有資訊，網頁還提供超生猛的常見問題回答，例如：「問：威力球彩券會過期嗎？答：會，宇宙不斷衰敗，沒有任何東西會永遠存在。」）

於是你獲獎的期望值是

1 億 / 1.75 億＋1 百萬 / 5 百萬＋1 萬 / 65 萬＋100 / 1 萬 9 千＋100 / 1 萬 2 千＋7/700＋7/360＋4/110＋4/55

算出來是剛好低於 94 美分。換句話說，根據期望值，你不值得花 2 元去買那張彩券。

故事還沒完，因為並非所有的樂透彩都一模一樣。當頭獎像今天這樣達到 1 億，彩券的期望值就會低得不像樣。但是如果每一次頭獎都沒人領取，就會有更多的錢滾進獎金。頭獎愈大，會有愈多人去投注；愈多人投注，就愈可能有一組號碼讓投注者成為億萬富翁。2012 年 8 月，密西根州的鐵路工人勞森（Donald Lawson）就中了 3 億 3 千 7 百萬元的頭獎。

頭獎累積到那麼高時，每一注的期望值也會跟著增高。用上面

同樣的計算方式，但頭獎替換為 3 億 3 千 7 百萬元，則有：

3 億 3 千 7 百萬 / 1.75 億＋1 百萬 / 5 百萬＋1 萬 / 65 萬＋
100 / 1 萬 9 千＋100 / 1 萬 2 千＋7/700＋7/360＋4/110＋4/55

　　結果等於 2.29 元，看起來投注不是不利的事。那麼頭獎到底要到多高，一注的期望值才會超過 2 元的本錢呢？現在你終於可以回去跟八年級的數學老師說，你總算搞清楚代數是在幹什麼了。如果我們把頭獎的獎額叫做 J，彩券的期望值就是

J / 1.75 億＋1 百萬 / 5 百萬＋1 萬 / 65 萬＋100 / 1 萬 9 千＋
100 / 1 萬 2 千＋7/700＋7/360＋4/110＋4/55

或簡化為

J / 1.75 億＋36.7 美分

　　現在代數來了。想讓期望值高於你花的 2 元，J/1.75 億需要大於 1.63。不等式的兩邊一起乘上 1.75 億，你會發現頭獎大約高過 2.85 億就跨越了門檻。那倒不是一生只發生一次的事件，在 2012 年，就有三次的頭獎，獎金曾經累積到那麼高。如果你只在頭獎跨過門檻時才投注，那麼看起來買樂透也是不壞的想法。

樂透勝算怎麼估？

　　故事仍沒有完結。你並不是全美國唯一懂代數的人，就算不懂代數，直覺上也會知道頭獎上升到 3 億元時，必然比在 8 千萬元時更誘人。像往常一樣，數學只不過把我們心算的過程正式表達出來，也就是用各種方法延伸我們的常識。通常在頭獎 8 千萬元的時候，會賣出 1 千 3 百萬張彩券。但是當勞森贏得 3 億 3 千 7 百萬元時，他的競爭者可是多達 7 千 5 百萬人。*

　　愈多人投注就會有愈多人中獎，但是頭獎只有一個，如果有兩位同時猜中六個號碼，他們就需平分頭獎的獎金。

　　那麼獨享頭獎的機會有多少？有兩件事必須發生，首先你得猜對六個號碼，這個機會是 1.75 億分之 1。然而那還不足以贏得頭獎，必須其他所有人都輸才行。

　　任何一位投注者沒中頭獎的機會都非常大，差不多就是 1.75 億分之 174,999,999。不過在有 7 千 5 百萬個投注者時，其中一位就很有可能獲得頭獎。

　　有多可能？我們可以利用以前已經碰過幾次的一項事實：假如我們想知道第一件事發生的機率，而我們已經知道第二件事發生的機率，倘若兩件事相互獨立，也就是說一件事的發生，完全不會影響另外一件事發生的機會，那麼第一件事與第二件事同時發生的機率，恰好是個別發生機率的乘積。

---

* 這個人數是我估計的，因為我得不到彩券銷售量的官方統計資料。但是威力球會
　釋出較小獎項的得獎人數，從而讓你估算出頗接近的銷售量。

　　感覺太抽象嗎？讓我們用樂透來說明。

　　我沒中頭獎的機會是 174,999,999 / 175,000,000，我父親沒中頭獎的機會也是 174,999,999 / 175,000,000，所以我們兩人同時沒中頭獎的機會是

$$174,999,999 / 175,000,000 \times 174,999,999 / 175,000,000$$

　　也就是 99.9999994%。換句話說，怪不得我每次都要警告老爸，別太早辭職不幹。

　　不過，7 千 5 百萬個跟你競爭的人，頭獎都槓龜的機會是多少？我該做的事就是把 174,999,999/175,000,000 自乘 7 千 5 百萬次，聽起來好像是極恐怖的處罰。然而你可以用指數來表示，那會使問題簡單很多，按一下計算機就能幫你算出答案：

$$(174,999,999/175,000,000)^{75,000,000} = 0.651\cdots\cdots$$

　　所以你的對手都沒中頭獎的機會有 65%，也就是說有 35% 的機會，他們其中至少一人中了頭獎。如果這樣，你最多只能從 3 億 3 千 7 百萬元裡拿走一半，也就是 1 億 6 千 8 百萬元，這會把頭獎的期望值砍到

$$65\% \times 3.37 \text{ 億元} + 35\% \times 1.68 \text{ 億元} = 2.78 \text{ 億元}$$

　　差不多剛低於值得你花 2 元去挑戰 2.85 億元頭獎的門檻。這

是還沒把超過兩人中頭獎的可能性也考慮在內，否則頭獎還要分給更多人。頭獎需要均分的意思是說，彩券的期望值低於你下注的成本，就算頭獎高達 3 億也是如此。如果頭獎更加高額，期望值就有可能掉進「划算」區。但它也可能沒掉進去，因為高額的頭獎可能刺激更大量的彩券銷售。*目前為止，威力球最高的頭獎是 5.88 億元，由兩人平分。美國史上最高的樂透頭獎是「大百萬樂透」的 6.88 億元，由三人均分。

　　還有哪些問題我們沒考慮在內？例如一旦中獎要付大筆稅金；還有獎金可能要分年給付，因為一次領取，獎額就會降低不少。另外別忘了，樂透是由政府發行的，政府可是對你瞭如指掌。在好些州裡，你一毛錢獎金都還沒看見，就要先扣除以前欠下的各種稅款，以及付清既存的金融負債。我有一位朋友在州政府的樂透局上班，他告訴我一個故事，有一位男士中了一萬美元，跟女朋友一起來領取獎金，準備週末在城裡狂歡。他把彩券交進去後，值班的樂透辦事員告訴他們，獎金只剩下幾百元，因為都先去支付男士欠前任女友的子女扶養費了。

　　現任女友是頭一次聽說男士已經有小孩，週末狂歡計畫自然就免談了。

　　那麼你玩威力球的最佳策略該是如何？

---

* 對想更深入以決策理論瞭解樂透的讀者，下面這篇文章非常值得參考：Aaron Abrams and Skip Garibaldi, Finding Good Bets in the Lottery, and Why You Shouldn't Take Them, *The American Mathematical Monthly*, vol. 117, no. 1, January 2010, pp. 3 – 26。此文標題已經點出作者得到的結論了。

下面三個重點有我的數學保證：

1. 不要玩威力球。
2. 如果非玩不可，就等頭獎高漲到不行再玩。
3. 頭獎獎金極高而你又想投注時，盡量降低跟別人分享獎金的機會：挑別人不想挑的號碼。別挑你的生日，別挑上一期剛中獎的號碼，別挑會形成好看花樣的號碼組，最後，我的上帝，別挑你從幸運籤餅裡拿到的號碼。（你應該知道他們不會在每塊籤餅裡放入不同的號碼，對不對？）

威力球不是唯一的樂透，然而樂透有一個共通性：它們都是對你不利的賭博。正如亞當・斯密所言，樂透的設計就是要把銷售額的一部分交給政府；為了達成目的，政府從彩券獲得的收入一定會多於付出的獎金。轉個方向來看，平均來說，玩樂透的人花出去的肯定比贏進來的多。所以樂透的期望值必然是負的。

除非有時它不是。

大贏錢的妙法

2005 年 7 月 12 日美國麻州樂透當局的糾紛調解單位，接到劍橋星星超市職員打來的不尋常電話，劍橋位在波士頓北邊市郊，哈佛大學與麻省理工學院都在那裡。有一位學生來超市買麻州新推出的樂透「大贏錢」（Cash WinFall），這不奇怪，異於尋常的是他購買的數量。學生拿出一萬四千張手寫的號碼投注選單，一共花費 2萬 8 千美元。

　　沒問題，樂透當局告訴超市，只要填單正確，任何人要投注多少就可以投注多少。通常店家一天若想賣出 5 千元以上的樂透，必須先向當局申請免除限量發售，那家超市早已獲准放寬銷售量。

　　星星超市並非波士頓該星期唯一大賣樂透的銷售點。在 7 月 14 日開獎前，還有十二處銷售點與樂透當局接洽，請求免除銷售上限。其中有三處在昆西區，該區鄰近海灣，位在波士頓南邊，有較多亞裔美國人聚集居住。在少數幾家店裡，有上萬張「大贏錢」彩券賣給了一小撮顧客。

　　到底是怎麼回事？

　　答案並不是什麼祕密，它明明白白寫在「大贏錢」的規則裡，明眼人一看就知道。這個 2004 年秋季開始發售的新遊戲，是用來取代「麻州百萬」，「麻州百萬」因為經過一年之久都發不出頭獎，漸漸疲軟。玩家興致低落，彩券銷售下滑，麻州有必要把樂透振奮一下，州政府的官員就想到把密西根州的樂透改裝成「大贏錢」。在「大贏錢」的玩法下，頭獎不會因為沒人中而持續累積增高。每當頭獎累積超過 2 百萬元又沒有人對中，獎金就會自動「向下滑」，用以增加比較不難中的小獎項。次一期的頭獎再回歸到 50 萬的基本額。樂透當局希望這種即使不中頭獎，也很有機會贏錢的新玩法，能吸引人掏出腰包。

　　說實在的，他們過分盡心盡力了。在「大贏錢」裡，麻州不小心設計了一種真正對投注者有利的遊戲。到了 2005 年夏季，少數腦筋動得快的玩家已經弄明白了真相。

　　次頁的表顯示的是平常「大贏錢」分配獎金的方法：

6 碼裡對中 6 碼	930 萬分之 1	頭獎額度不固定
6 碼裡對中 5 碼	39,000 分之 1	$4,000
6 碼裡對中 4 碼	800 分之 1	$150
6 碼裡對中 3 碼	47 分之 1	$5
6 碼裡對中 2 碼	6.8 分之 1	一張免費樂透彩券

假設頭獎是 1 百萬元，一張 2 元彩券的期望值是相當差的：

（100 萬元 /930 萬）＋（4,000 元 /39,000）＋（150 元 /800）＋
（5 元 /47）＋（2 元 /6.8）＝ 79.8 美分。

表面上看來「大贏錢」的投注者是精明的投資者，但其實賺頭少得可憐。（通常我們只看到一張彩券才賣 2 元，不會關注到少得可憐的期望值。）

不過在「向下滑」的那天，情況就很不相同了。2005 年 2 月 7 日，頭獎接近三百萬元。沒有人中頭獎，那一點也不奇怪，想想看那天大約有四十七萬人買「大贏錢」，要對中所有六個號碼，機會小到約一千萬分之一。

於是累積的獎金開始「向下滑」，州政府的公式把對中 5 碼或 3 碼的獎金多增加六十萬元，對中 4 碼的多增加一百四十萬元。在「大贏錢」裡 6 碼對中 4 碼的機率差不多是 800 分之 1，所以在那天四十七萬投注者裡，約有六百位對中 4 碼。中獎的人數不算少，但是一百四十萬元也是一大筆錢，把它分成六百份，每位對中 4 碼的人約可拿走兩千元。事實上，你會期望那天 6 碼對中 4 碼應可兌

領 2,385 元。那就比尋常日只能贏少得可憐的 150 元，大幅增加了吸引力。800 分之 1 的機會贏得 2,385 元，期望值就是

2,385 元 / 800 = 2.98 元

換句話說，光是對中 4 碼，就值回你一注 2 元的成本了。把別的獎項也算進來，故事就更甜美了。

獎額	中獎機率	預期中獎人數	向下滑的總額度	向下滑後每注獎金
6 碼中 5 碼	39,000 分之 1	12	$600,000	$50,000
6 碼中 4 碼	800 分之 1	587	$1,400,000	$2,385
6 碼中 3 碼	47 分之 1	10,000	$600,000	$60

因此，平均一注可期望賺回家的現金是

50,000 元 / 39,000 + 2,385 元 / 800 + 60 元 / 47 = 5.53 元

花 2 塊可以賺 3 塊半，這種投資不應該輕易放手。*

---

* 那天實際上對中五碼的只有七人，每一位幸運者分到超過八萬元獎金。中獎人數比預期少，只能說大家運氣不好。當你事先計算每注的期望值，你不太可能會猜到這種狀況。

　　當然，如果有一位幸運兒中了頭獎，「大贏錢」的其他玩家就贏不到什麼錢了。但是「大贏錢」從來也沒有受歡迎到那種程度，在它發行年代裡的四十五次「向下滑」中，只有一次有人對中六碼，使得「向下滑」半路中斷。†

　　讓我們再講清楚一點，前面的計算並不是說花 2 元就必然會贏得獎金。恰恰相反，就算是在「向下滑」的日子裡，你買的「大贏家」彩券還是賠錢的機會較大，跟其他的平常日毫無二致。期望值並非你所期望的值！但是在「向下滑」的日子，如果你很難得的中了獎，獎額就大得多。期望值的魔力就在於買一百張或一千張、一萬張彩券，平均的中獎額便會接近 5.53 元。任何單張彩券也許不值一文，但是當你手握千張彩券，不僅幾乎保證不賠本，而且還有些賺頭。

　　誰會一次買一千張彩券？

　　除了麻省理工的那些小伙子，還會有誰？

　　我之所以能夠告訴你，2005 年 2 月 7 日「大贏錢」的獎金分配細節，是因為麻州檢察長蘇利文（Gregory W. Sullivan）在 2012 年 7 月向州政府提出一份報告，詳盡且坦率的記錄了該次「大贏錢」引人入勝的故事。我可以有把握的說，這是有史以來州政府檢討財務缺失的文件裡，唯一會激發讀者去想：有人買下這個故事的電影製作權了嗎？

---

† 以「大贏家」的發售情形而論，這種狀況有些令人意外。每次「向下滑」時，應該有 10% 的機會有人對中頭獎，因此應該有四或五次開出頭獎。結果只發生了一次，就我所知這純屬運氣差。或換個角度看，對於那些巴望獲得「向下滑」後小獎額的人來說，算是運氣頗佳。

原本是學術研究

2005 年 2 月 7 日那個特定日子，數據會記錄下來的理由如下：麻省理工大四學生哈維（James Harvey）在一項獨立研究裡，分析了麻州各種樂透的優劣，他發現州政府無意間發售了一種可能讓人獲得暴利的投資載具，任何人只要精於量化思維，都能辨識出州政府的疏漏。哈維拉了一票朋友（在麻省理工不難找到會計算期望值的朋友），集資買了一千張彩券。正如你預期的一樣，有一個 800 分之 1 機會的獎項落入他們手裡，讓他們拿回 2,000 元獎金。他們還中了一堆三碼的獎，整體來說回收了原始投資的三倍。

如果你聽到哈維跟同夥在「大贏錢」後不曾停手，應該不會驚訝吧？後來哈維並沒有完成獨立研究，至少沒有獲得學分，因為他急於把研究心得轉化成創業資本。那年夏天，哈維的集團每次都購進上萬張彩券。在劍橋星星超市買進大量彩券的，正是該集團的一員。他們把集團命名為「藍登戰略」（Random Strategies），然而他們的手段一點也不 random（隨機），名字裡的 Random 其實是指麻省理工的宿舍「藍登樓」（Random Hall），哈維就是在這幢宿舍裡炮製出賺「大贏錢」的方案的。

有志一同玩樂透

麻省理工的學生並非唯一。至少還有兩個投注團隊也找出了「大贏錢」的賺錢法。在波士頓區域進行醫學研究的東北大學張博士，組織了「張博士樂透俱樂部」，昆西區的暴增銷售額就是該俱樂部的傑作。該俱樂部在每次「向下滑」時，就會買進 30 萬美元

的彩券。2006 年，張博士放棄研究工作，全力投入「大贏錢」來賺錢。

另一個投注集團由賽爾比（Gerald Selbee）領軍，他住在密西根州，是大學時主修數學的七十幾歲老翁。賽爾比的集團有三十二個成員，多數是他的親戚。「大贏錢」拿來當藍本的那種樂透，在 2005 年於密西根州停止發售，而之前他們已經玩了這種樂透兩年。賽爾比發覺肥水流到東邊了之後，他的行動再明顯不過。在 2005 年 8 月，他跟太太瑪喬里直接開車到麻州西境的第爾非，一口氣買了六萬張彩券。他們那次就淨賺了五萬元出頭。賽爾比以他在密西根州玩樂透的經驗，除了「大贏錢」獎金，還搞出了額外利潤。麻州銷售樂透的商店可以拿取 5% 的佣金，賽爾比跟一家店直接講價，如果店家願意把一半的佣金回饋給他，他就在那家店一次買幾十萬元彩券。光是這一項協議，就讓賽爾比的團隊在每一次「向下滑」時，賺進好幾千元額外收入。

你不需要有麻省理工的學位也能看出來，大量投注者會使局面波動。記住：是因為大筆錢只分給少數幾個人，才會使「向下滑」時獲利增加。到了 2007 年，每次「向下滑」的日子就會有一百萬份投注，而且大部分都賣給那三個愛買集團。六碼對中四碼就能拿走 2,300 元的日子早已不復存在；如果下注數目有一百五十萬，且每八百注裡有一注中四碼的獎，那通常會有約有兩千人對中四碼。於是一百四十萬「向下滑」來的新增獎金，每注就分得八百元左右。

如果從樂透當局的立場來觀察，不難算出大買家能從「大贏錢」拿走多少錢。在「向下滑」的日子，如果州政府（至少）累積

了兩百萬的頭獎金額準備發出。假設當天有一百五十萬筆投注數，也就是多了三百萬元的銷售進帳，其中 40%（一百二十萬元）的收入歸入政府財庫，其他一百八十萬元進入頭獎準備金，在當天分配給中獎者。所以州政府那天拿到三百萬元，但發出三百八十萬元 *：兩百萬元是累積來的頭獎金額，一百八十萬元是當天銷售所得。在平日，不管州政府得到多少錢，投注者平均來講都會輸錢。只有「向下滑」時投注者才有獲利，因為全體投注者由州政府手裡拿走了八十萬元。

假如彩券銷售了三百五十萬張（金額七百萬元），情況又完全不一樣了。現在州政府拿走該得的兩百八十萬元，剩下四百二十萬元要當獎金發出去。再加上原來累積的兩百萬頭獎金額，總計六百二十萬元，結果還低於州政府賣彩券收入的七百萬元。換句話說，雖然「向下滑」看似慷慨，但是當「大贏錢」太熱門之後，最終州政府還是會從投注者身上賺一筆的。

那會使州政府非常、非常高興。

如果「向下滑」那天銷售額的 40%，剛好等於累積的兩百萬元（那是太單純或勇於冒險的人，在沒有「向下滑」日子貢獻的錢），就達到損益平衡。也就是當天銷售銷售兩五十萬張彩券，收入達五百萬元。只要賣出超過兩百五十萬張彩券，「大贏錢」就對投注者不利。其實在發售「大贏錢」的全程裡，幾乎都沒有賣超過這個量，只要賣不到這個量，「大贏錢」就真的會讓投注者贏錢。

---

* 我們暫時不考慮那些不屬於「向下滑」部分的錢，因為已知那些錢影響不大。

期望值可相加

其實這裡我們使用的道理，是既屬常識又非常妙的事實，稱為期望值的可加性。假設我擁有一家麥當勞以及一間咖啡館，麥當勞一年的利潤期望值是十萬元，咖啡館為五萬元。當然每年的利潤會有起伏，期望值的意思是說長期以往，麥當勞平均每年賺十萬元，而咖啡館平均賺五萬元。

可加性是說，平均來講，我藉由賣大麥克與摩卡獲得的總利潤會是一百五十萬元，也就是兩種企業分別利潤期望值的和。

換句話說：

可加性：兩項事物加在一起的期望值，等於第一件事物的期望值，加上第二件事物的期望值。

數學家喜歡把推理的結果用公式表示，就像我們會把乘法的交換性寫成公式 $a \times b = b \times a$（這麼多列的那麼多孔，等同於那麼多行的這麼多孔。）在目前的情形下，令 X 與 Y 表示我們還不確知其值的數量，而 E(X) 是「X 的期望值」的縮寫，則可加性說的就是

$$E(X + Y) = E(X) + E(Y)$$

現在來講這跟樂透相關的地方在哪裡。每一次開獎，彩券的總價值就是州政府要發出的獎額。那個價值是確定的，也就是「向下滑」的總數，在前例中剛好是三百八十萬元。對固定常數的期望

值，就等於那個常數。所以對定額三百八十萬的期望值，也就順理成章是三百八十萬。*

在那個例子裡，「向下滑」的日子有 150 萬個投注數，可加性告訴你，那 150 萬張彩券期望值的總和，會等於彩券總價值的期望值，也就是 380 萬元。至少在中獎號碼公布之前，每張彩券的價值相等。因為你把 150 萬個相同的數加在一起，得到 380 萬元，所以那個數必然是 2.53 元。你投資 2 元得到的利潤期望值是 53 美分，超過賭本的 25%。本來是要讓你上當的賭局，反倒讓你有賺頭了。

可加性原則直覺上很有道理，常讓人以為顯而易見。但是就跟年金定價一樣，實際上並不是那麼顯然！想要認識這一點，請用其他的概念取代期望值，否則一切就會亂了套。考慮下面這句話：

> 一堆東西總和的最可能價值，等於每樣東西最可能價值的總和。

那完全不正確。假設我從三個子女裡隨機挑一個託付家產，每個兒女最可能得到的價值是零，因為他有三分之二的機會得不到我的遺產。但是，三份遺產總和的最可能價值，也就是那唯一可能的價值，就是我的遺產的全數。

布方的針、布方的麵條、布方的圓圈

我們得打斷大學生玩樂透的故事，因為一旦談到期望值的可加

---

* 還是暫時忽略不是用來累積頭獎的錢。

性，我就忍不住要告訴你一個最漂亮的定理，它也是用同樣的概念來做證明的。

故事的起源是一種叫做「投方磚」（franc-carreau）的遊戲，就像熱那亞的樂透一樣，以前的人什麼都能拿來賭。玩這種遊戲只需要有一枚錢幣及鋪好方磚的地面，你把錢幣丟向空中，賭它會完全落在一塊方磚內部，還是會壓到磚與磚之間的縫隙。

布方伯爵（Georges-Louis Leclerc, Comte de Buffon）是勃艮第的地方貴族，他年少時就有發展學術的雄心。可能為了踵繼其父擔任地方長官的家業，他先去上法律學院，但一拿到學位，就拋棄法律事業倒向科學。1733 年他才 27 歲，已經加入巴黎皇家科學院了。

布方後來以博物學家出名，他寫了厚厚的四十四卷《自然史》（*Natural History*），想仿照牛頓解釋運動與力的理論，提出一套全面而簡練的理論來解釋生命起源。布方年輕時曾遇到瑞士數學家克拉瑪（Gabriel Cramer）†，他們相處時間短暫但卻保持長期通信，布方深受克拉瑪的影響。布方的興趣在於純數學，他加入皇家科學院時列出的專長就是數學。

布方提出的一篇論文，很巧妙的把幾何與機率這兩種原來認為毫不相關的領域拉到一起。研究的主題不是行星的力學，或強國的經濟那種了不起的問題，而是微不足道的「投方磚」遊戲。布方‡研究的是：錢幣整個落進一塊方磚的機率是多少？方磚需要多大才

---

† 線性代數裡的克拉瑪法則就是以他命名的。

‡ 我不確定他在學院裡宣讀論文時，有沒有布方公爵的頭銜。這頭銜是他父親花錢買來的，然而後來他父親因為經營不善，賣掉了布方名下的財產，同時與一位 22 歲的姑娘再婚。布方提出告訴，並且看來是成功從沒子嗣的舅公那裡，直接把財產轉移給自己，才買回土地與貴族名銜。

對兩造賭者公平？

　　下面是布方解決問題的方法。假設錢幣的半徑是 r，方磚的邊長是 L，那麼錢幣會壓到縫隙的條件是，圓心落在一個較小的正方形裡，那個正方形的邊長是 L − 2r：

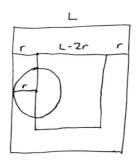

　　小正方形的面積是 $(L − 2r)^2$，而原來大方形的面積是 L^2。所以如果你賭錢幣會完全落入方磚內部，你贏的機會是 $(L − 2r)^2 / L^2$。要讓賭局公平，你贏的機會必須等於 1/2，意思是說

$$(L − 2r)^2 / L^2 = 1/2$$

　　布方解開了這個方程式（如果你喜歡的話，你也能解此方程式），發現「投方磚」在方磚邊長是錢幣半徑的 $4 + 2\sqrt{2}$ 倍時，是公平的遊戲。那個倍數還不到 7。這個問題的解決在概念上頗有趣，因為結合機率推理與幾何圖形是新鮮的做法。不過解法並不困難，布方知道這不足以讓他進入皇家學院，於是他繼續向前推進：

「假如不是往空中投擲錢幣這種圓形的東西，而是投擲別種形狀的東西，例如方形的西班牙金幣或針、小棍子等，那就需要更多一點的幾何了。」

他講得有點輕描淡寫了，事實上布方的大名與投針問題在數學圈裡被相提並論直到今天。讓我把它解釋得更詳細一些：

布方的投針問題：假設地面鋪了長條木板，而你有一根針，長度剛好等於木板寬度。把針投向地面，那麼針會與木板間縫隙交叉的機會有多大？

這個問題之所以比較麻煩，理由如下。當錢幣落到方磚時，硬幣上路易十五的頭朝向哪個方向都無所謂，因為圓從任何角度看都一樣，所以錢幣壓到縫隙的機會與方向無關。

然而布方的針可就是另一回事了。針的方向如果接近與木板平行，就不太可能與縫隙交叉：

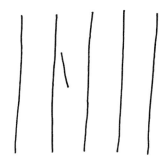

　　但針落下時近乎橫跨木板，那麼與縫隙交叉的機會就大為增加了。

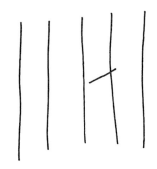

　　「投方磚」具有高度對稱性，用專業術語來說，就是在旋轉下不變。在投針的問題上，對稱已經破壞了，所以問題變得更加困難，不僅要注意針的中心落到哪裡，還要注意針所指的方向。

　　有兩種極端的情形：針平行於木板時，它與縫隙交叉的機會為0；針垂直於縫隙時，它與縫隙交叉的機會為1。所以你想既然兩者平分秋色，不如乾脆猜針會有一半的機會與縫隙交叉。

　　不過那是不正確的；事實上，針與縫隙交叉的機會遠大於它整個落入單一木板。布方的針有一個漂亮又出人意表的答案：機率是 $2/\pi$，也就是約略為 64%。為什麼 π 會出現？這裡又沒看到任何圓。布方用很巧妙的論證算出結果，其中涉及到擺線（cycloid）底下的面積。計算這個面積需要使用一點微積分；今日數學系大二的學生都有能力處理，不過沒多大的啟發性。

　　此外還有別的解法，是在布方進入科學院後，又過了一百年才由巴比耶（Joseph-Émile Barbier）發現的。這個解法不需要用到微

積分，事實上根本不需要任何計算。雖然論證有點曲折，但只會用到算術和幾何直覺。關鍵的地方就在於期望值的可加性。

　　首先把布方的問題重新用期望值的術語講一遍。我們可以問：針會交叉過的縫隙數目，期望值是多少？布方想計算的機率 p，是投下的針會與縫隙交叉的機率，因此會有 1 − p 的機率，針沒跟任何縫隙交叉。然而，如果針會與縫隙交叉，它就恰與一條縫隙相交 *。交叉數目期望值的計算方法，跟一般計算期望值的方法相同：把每一種可能的交叉次數，乘以那個次數出現的機率，然後全體加總。在目前的情形下，只有兩種可能的交叉數，0（發生的機率是 1 − p）與 1（發生的機率是 p），所以我們把

$(1 − p) × 0 = 0$
加上
$p × 1 = p$

得到 p。所以交叉數的期望值就是簡單的 p，也就是布方想算出來的數。看起來好像沒有任何進展，該如何找出那個神祕的數呢？

　　當你面對不會做的數學題目時，你有兩種基本的選擇，你可以把問題簡化，或把問題弄得更難。

　　簡化問題聽起來比較有利，你用簡單些的問題來取代原來的

---

* 你可能會說，既然針長等同板條寬，所以針也可能碰到兩個縫隙，但這要針恰好橫跨板條，這有可能，但發生的機率為零，所以可以忽略。

問題，先解決簡單的問題，並希望解題過程得到的理解，可以提供你一些洞識，來解原來想解的問題。這種事情數學家常做，像是我們會用平滑、單純的數學機制，來替複雜的真實世界建模。有時候這種進路非常有效，例如當你想描繪沉重投射物的軌跡時，你可以忽略空氣阻力，只注意固定重力對物體運動的影響。但有些時候，卻會因為你的簡化版過於簡單，而把問題有趣的特徵消滅掉了。有個老笑話說，有一位物理學家受邀為乳製品的生產提供最佳化建議，一開頭他就很有信心的說：「讓我們來考慮一下球形的乳牛……」

在這種精神下，也許可以嘗試從「投地磚」問題的解，悟出一些解布方投針問題的想法：「讓我們來考慮一下圓圈形狀的針……」不過我們還是弄不清，能從錢幣裡得到什麼有用的訊息，因為投針問題的精采特質，已經受錢幣的旋轉對稱性破壞。

把問題變難再來解

於是我們採取另一種策略，也就是巴比耶使用的方法：把問題弄得更難。這聽起來好像不太妙，但是管用時確實有如神助。

讓我們從小處著手。我們把問題稍微問得更廣泛些，如果針的長度是兩條木板的寬度，那麼針與縫隙交叉次數的期望值會是多少？看起來這個問題更複雜，因為投針的可能結果從兩種變三種。針完全落入一條木板，或與一條縫隙交叉，或與兩條縫隙交叉。所以要想計算交叉次數的期望值，似乎應該計算三個不同事件分別的機率，而不僅僅是兩個事件。

幸虧有可加性，較困難的問題比想像的更容易解決。我們在一

根長針的中心劃一個點，再把兩半分別標以「針 1」與「針 2」，如下圖：

　　長針與縫隙交叉次數的期望值是，1 號短針與縫隙交叉次數的期望值，再加上 2 號短針與縫隙交叉次數的期望值。用代數符號來表示，令 X 是 1 號短針通過縫隙的次數，Y 是 2 號短針通過縫隙的次數，則長針通過縫隙的次數為 X + Y。然而每根短針的長度就是原來布方問題裡設定的長度，所以每根短針平均通過縫隙 p 次，也就是說 E(X) 與 E(Y) 都等於 p。那麼整根針與縫隙交叉次數的期望值 E(X + Y)，就會是 E(X) + E(Y)，便等於 p + p，即 2p。

　　同樣的推理也適用於針長是木板寬度的三倍、四倍或一百倍。假如針長為 N（現在我們以木板的寬度為單位），則針與縫隙交叉次數的期望值就是 Np。

　　這種推理對於短針或長針同樣管用。假設我投的針，長度為 1/2，也就是說剛好是木板寬度的一半。因為長度為 1 的針可以分成兩根長度為 1/2 的針，所以布方要算的期望值，便是長度為 1/2 的針與縫隙交叉次數期望值的兩倍。於是長度為 1/2 的針與縫隙交叉次數期望值應為 (1/2)p。事實上，下面公式

　　長度為 N 的針與縫隙交叉次數的期望值 = Np

會對任何的正實數 N 成立，無論 N 的大小。

（我必須在此處省去嚴格的證明，因為要通過某些技術性的論證，才能保證上面的命題正確，甚至當 N 是那些稀奇古怪，像是根號 2 之類的無理數時。但是我向你保證，巴比耶證明的核心概念就是我寫在本頁的東西。）

現在換個角度，我們把針折彎：

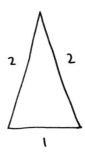

這根針是目前最長的針，長度是 5。但它在兩處折成彎角，我把兩端靠攏產生一個三角形。三角形三邊長度分別為 1, 2, 2，於是每段邊線的交叉次數，期望值分別為 p, 2p, 2p。整根針的期望值是各個邊線期望值的總和。可加性告訴我們，整根針的期望值等於

$$p + 2p + 2p = 5p$$

換句話說，前面的公式

長度為 N 的針與縫隙交叉次數的期望值 ＝ Np

對於折彎的針也成立。

下面有另一根折彎的針：

再來一根：

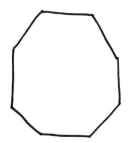

再一根：

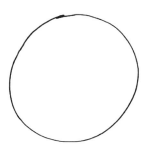

　　我們在《數學教你不犯錯》上冊的第 2 章看過這些圖，這就是阿基米德與歐多克索斯在兩千年前，發展窮盡法時用過的圖。最後的圖看起來像是直徑為 1 的圓，但它其實是由 65,536 根小針形成的正多邊形。你的眼睛看不出兩者的差別，地板也無法分辨。意思是說，直徑為 1 的圓與縫隙交叉次數的期望值，幾乎就是正 65,536 多邊形交叉次數的期望值。根據我們的折針規則，期望值會是 Np，而 N 是多邊形的周長。周長是多少呢？它應該幾乎就等於圓周長，圓半徑為 1/2，所以周長就是 π。於是圓與縫隙交叉次數的期望值恰好是 π p。

　　把問題弄得更難對你有用嗎？看起來我們好像是把問題愈弄愈抽象、愈一般化，卻一直沒有對症下藥：到底 p 是多少？

　　有沒有猜出來？我們其實已經算出它了。

　　因為我們知道圓與縫隙的交叉次數。因此，原本看起來很難的問題突然變簡單了。我們從錢幣變成針時損失的對稱性，在我們把針折彎成圓圈時又恢復了，大量簡化了問題。不管圓落到哪裡，它都會與地板縫隙相交兩次。

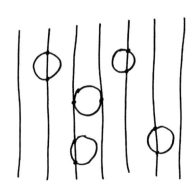

所以交叉次數的期望值就是 2，同時也等於 πp，我們終於知道 p = 2 / π，正如布方給出的答案。事實上，這種論證法適用於任何的針，不管它是有多少邊的多邊形，還是彎來彎去的曲線，交叉次數的期望值都等於 Lp，此處 L 是以木板寬度為單位的針長。朝地板上撒一把義大利乾麵條，我也可以告訴你，該期望有多少麵條會與縫隙交叉。有數學家戲稱這個廣義的問題為布方的麵條問題。

做數學的方法

巴比耶的證明讓我想起，代數幾何學家德利涅（上冊第 8 章 175 頁）曾經這麼說他的老師格羅滕迪克（Alexander Grothendieck）：「過程裡好像什麼事都沒發生，然而到最後，就出現一個非常不簡單的定理。」

外行人常常會有一種印象，以為數學就是使用愈來愈厲害的工具，鑽入愈來愈深的未知，好像挖隧道時，使用愈來愈強烈的火藥，努力炸穿堅硬的岩石一樣。那確實是一種做數學的方法。但是在 1960 與 1970 年代以極具個人色彩的風格，改造了純數學的格羅滕迪克卻有不同的看法：「依我來看，想知道的那些未知，就像一大片土地或泥灰岩難以穿透⋯⋯但是大海無聲無息前進，好像什麼事也沒發生，什麼也沒有移動，水面離你遠到聽都聽不見⋯⋯但最終大海會淹沒阻擋的物體。」

未知正如大海裡的石頭，阻礙了我們的前進。我們可以嘗試把炸藥塞到石頭的罅隙裡將其引爆，然後一再重複，直到把石頭炸開為止，就好比布方利用複雜的微積分計算解決問題。或者你可以採取多用心思考的途徑，讓你的理解程度緩慢而穩定的成長，直到過

了一陣子，原來看似障礙的東西，已經淹沒不見了。

目前數學界的做法是在修道般的冥思與用火藥炸開兩者之間，精微細緻的雙管齊下。

多數的數學家並不瘋狂

巴比耶在 1860 年發表了布方定理證明時才 21 歲，是巴黎著名的高等師範學院前途閃亮的學生。然而到了 1865 年，他卻因為精神狀況的困擾離家出走，從此音訊全無。數學界一直不知道他到哪裡去了，直到 1880 年，他從前的老師伯特蘭（Joseph Bertrand）才從精神病院裡找到他。格羅滕迪克的狀況也很類似，他在 1980 年代離開了數學界的學院，在庇里牛斯山區過著與人隔絕的隱士生活。沒人知道他在研究什麼樣的數學、還碰不碰數學。有人說他在放羊。*

這類的故事會引起大眾對數學迷思的共鳴，認為數學會逼你發狂，或數學根本就是一類瘋病。華萊士（David Foster Wallace）是當代小說家裡最有數學頭腦的（他曾經暫時停止寫小說，去寫一本關於超限集合論的書！）。他把這種迷思稱為「數學狗血劇」，形容其中的主角具有希臘神話人物「普羅米修斯（Prometheus）以及伊卡洛斯（Icarus）的特性，他們高不可攀的天才，造成了自傲與致命缺陷」。

例如「美麗境界」、「證明我愛你」、「死亡密碼」這類電影，把數學當成執著以及逃離現實的代碼。杜羅（Scott Turow）寫的《無

---

*譯者按：格羅滕迪克已於 2014 年 11 月 13 日逝世，享年 86 歲。

罪的證人》是暢銷的謀殺小說，曲折情節的最終結局，英雄主角的數學家妻子竟然就是瘋狂的兇手。（在此例裡，迷思來自有偏差的性別觀念。該書強烈暗示，勉強把女人的頭腦伸展到數學上，那種困難最終把這位謀殺者給搞瘋了。）你可以從《深夜小狗神祕習題》這本小說中，看到這類迷思的較新版本，書中把數學能力表現成自閉症光譜上的一種光彩。

華萊士揚棄這種把數學家的心靈生活，類比成灑狗血鬧劇的想法，與我的立場一樣。在真實人生中，數學家跟常人並無二致，不會比一般人更瘋狂，通常也不會偷偷的離群索居，在不可原諒的抽象國度裡孤軍奮戰。數學傾向於強化頭腦，而不是把它緊繃到近乎斷裂。不管別人怎麼說，我發現在情緒處於極端狀況下時，什麼都比不上數學更能平復心情的攪動。就像禪定一樣，數學讓你跟宇宙直接接觸，宇宙比你巨大，在你之前就存在，在你之後還是會存在。不讓我做數學才會逼我發狂呢！

「努力讓它向下滑」

再回去講講麻州發生的事。

愈多人買「大贏錢」，就會使它的獲利可能性下降。每一位巨量彩券投注者，都會讓獎金分成更多份。有一次賽爾比告訴我，「藍登戰略」團隊的盧昱然（Yuran Lu）向他建議，輪流在「向下滑」的日子大量下注，這樣能確保兩個集團都達到較高的獲利。賽爾比轉述盧昱然的說法：「你是大玩家，我也是大玩家，我們沒辦法管住其他玩家，他們就像是我們頭髮裡的跳蚤。」雙方如果合作，至少彼此可以節制對方。

　　計畫聽起來很有道理，但是賽爾比卻不買帳。因為「大贏錢」的規則是公開的，其他的玩家跟他一樣都很清楚規則，他可以心安理得妙用玩法的弱點。但與其他玩家密謀合作，雖然好像沒有違反任何樂透規則，但感覺起來好像在作弊。於是三大集團維持平衡的局面，每次「向下滑」時都出資投注。因為巨量投注集團的投注數約略都在一百二十萬到一百四十萬之間，因此賽爾比估計「向下滑」時的期望值只比成本高 15%。

　　那樣的利潤其實也還不錯，但是哈維跟合夥人卻不滿意。專業樂透常勝軍的日子，並不如你想像的那麼愜意。在「向下滑」的前一天，他們必須買成千上萬的彩券並且選勾號碼；在「向下滑」當天，哈維必須分派團裡的各個小組，到那些願意賣出巨量彩券的便利商店，把選號逐一掃描進機器。

　　當中獎號碼公布後，還得花很多時間從大量彩券裡過濾出對中的。你還不能把沒中獎的彩券丟進垃圾桶，因為如果你經常對中樂透，國稅局就會經常來查帳。哈維把賭輸的彩券都裝進紙箱裡，以便向國稅局展示他的投注活動。（賽爾比依舊保留了裝滿總價值一千八百萬美元、沒中獎彩券的洗衣袋，共二十幾袋，都堆在儲存乾草的鐵皮屋一角。）中獎的彩券也得耗費一番功夫，集團裡的每位成員，不管分到的獎金比例是高還是低，都要填寫自己的那份 W-2G 報稅表格。如此一來，你還會覺得好玩嗎？

　　檢察總長估計，在「大贏錢」運作的七年間，「藍登戰略」稅前賺進了三百五十萬美元。我們不知道有多少錢進了哈維的口袋，不過我們知道他買了一輛車。

　　一輛 1999 年日產的 Altima 二手車。

在早期，「大贏家」幾乎能輕易的幫你把手上的錢翻上一番，那種好日子似乎只是不久前，當然哈維跟他的同夥樂意回到從前。但是，一旦賽爾比與「張博士樂透俱樂部」也在「向下滑」日子買進幾十萬的彩券，好日子就一去不復返了。

在頭獎還沒有累積到會啟動「向下滑」時，另外兩家投注集團會歇手。哈維也有理由給自己放假，因為沒有「向下滑」的錢，玩「大贏錢」根本別想贏錢。

出奇制勝

2010 年 8 月 13 日星期五，樂透當局預估下週一開出的頭獎約在一百六十七萬五千元，還達不到「向下滑」的門檻。張博士與賽爾比兩大集團都沒有動作，他們在靜候頭獎慢慢累積到可以「向下滑」的水位。但是「藍登戰略」卻出其不意的改變玩法。在前幾個月裡，他們靜悄悄準備了幾十萬張空白的彩券，等待預估的頭獎接近，但未達到 2 百萬元「向下滑」門檻的那一天來臨。

日子總算來到了。那個週末，集團裡的成員分散到大波士頓地區買彩券，買下的數量比任何人曾經買過的更多，差不多在七十萬張左右。因為有「藍登戰略」出人意表的金錢投入，到了 8 月 16 日，頭獎累積到了 210 萬元。一下子變成「向下滑」讓玩家猛賺的日子，但是除了麻省理工的學生，沒有人能預知它的到來。哈維團隊幾乎掌握了 90% 賣出的彩券，也就是獨占了金錢水龍頭的出口。「藍登戰略」投資一百四十萬元，賺進七十萬元，獲得超爽的50% 利潤。

這個妙計不可能再耍第二次。一旦樂透當局瞭解誰在耍花招，

他們就建立起預警系統，每當看似有單一集團想把頭獎推高到得以「向下滑」的程度，最高管理單位就會收到通知。當「藍登戰略」在 12 月底想重施故技時，樂透當局已經準備好嚴陣以待。12 月 24 日早上，也就是開獎前三天，樂透的主管從手下那裡接到一封電郵：「那些搞『大贏錢』的傢伙，又要開始讓它滑了。」如果哈維賭樂透當局在假日不上班，那他就輸了。聖誕節清晨，樂透當局立刻更新頭獎的預估值，向世界宣告「向下滑」要來了。還在哀嘆 8 月被耍的另外兩大集團，即刻銷假返回，大量購入幾十萬的彩券，把利潤又拉回正常水準。

無論如何，「大贏錢」是幾乎玩完了。在那次之後不久，《波士頓環球報》記者埃斯特斯（Andrea Estes）的一位朋友，從樂透當局公布的得獎人名單裡看出一些奇怪現象：有一堆密西根州的人中獎，而且都只投注「大贏錢」這一種樂透。他問埃斯特斯不覺得其中有鬼嗎？一旦《環球報》開始窮追不捨，真相很快就大白了。

2011 年 7 月 31 日《環球報》的頭版刊登了埃斯特斯與艾倫（Scott Allen）執筆的文章，報導了三大投注集團如何壟斷「大贏錢」的獎金。8 月，樂透當局更改了「大贏錢」的規則，限制「大贏錢」的每一家經銷商，每天最高只能賣出五千美元的彩券，這才有效阻擋了投注集團於單日內購買巨額彩券的行動。但是傷害已經造成。如果當初「大贏錢」是想讓普通玩家覺得有利可圖，現在就失去了賣點。「大贏錢」最後一次開獎，剛好也是「向下滑」之日，就是 2012 年 1 月 23 日。

伏爾泰也撈一票

　　哈維並非頭一位占公家設計不良樂透便宜的人。賽爾比那群人早先在密西根就賺了好幾百萬。州政府學乖後，在 2005 停止發售類似「大贏錢」的樂透。這種玩法可以回溯到更遠的時代。十八世紀早期，法國政府發售債券以支應開銷，不過他們給的利息不足以引發熱購。為了刺激銷售量，政府在賣債券的同時搭配了一種樂透。每位購買債券的人，都可以再買一張彩券，並有機會中 50 萬里弗，那筆錢足夠讓人舒適的過上幾十年。但是想出這個辦法的財政部次長卻犯了計算上的錯誤，使得發出的獎金超過了銷售彩券的進帳。換句話說，就如同「大贏錢」在「向下滑」的日子那樣，玩家有正的期望值，任何人只要買足夠大量的彩券，包准會大贏一筆。

　　有一個人看出了這個關鍵，他就是數學家及探險家拉孔達明（Charles Marie de La Condamine）。正如三個世紀後哈維所為，他找了一群朋友組成購買彩券集團，成員之一是年輕的作家伏爾泰。雖然數學鬼點子不是伏爾泰貢獻的，但是他在彩券上打印了自己的標誌。樂透的玩家可以在彩券上寫一句格言，贏得大獎時，這句話就會被大聲宣讀出來。伏爾泰的個性讓他抓緊這個機會大肆宣傳，他毫無忌憚的在彩券上寫出口號：「凡人皆平等！」以及「財政次長萬歲！」當他們的集團中大獎時，這些口號就能在民間傳誦。

　　政府最後終於搞清楚發生了什麼事，因此停止配售彩券。不過拉孔達明與伏爾泰都已經從政府手上賺飽了安度餘年的財富。不然，你以為伏爾泰是靠舞文弄墨過活的嗎？以前寫文章發不了財，

今日也一樣。

　　十八世紀的法國沒有電腦，沒有電話，沒辦法快速掌握是誰在什麼地點買彩券，所以你能夠體諒政府得花好多個月的時間，才識破拉孔達明與伏爾泰的規劃。那麼麻州政府的藉口是什麼呢？在《環球報》頭版報導的六年前，樂透當局就首次注意到，麻省理工附近有學生去超市進行非比尋常的大量投注。他們怎麼可能不知道到底發生什麼事呢？

　　非常簡單：他們的確知道到底發生什麼事。

　　他們甚至不必明察暗訪，因為哈維在 2005 年 1 月就曾登門造訪樂透當局，那時他還未集資投注，也尚未替集團命名。他的方案看起來好得叫人不敢置信，他覺得應該會有什麼規定來防範它的實現。於是他去樂透當局詢問，大量投注是否合於規則。我們不知道當時對話的詳情，不過看起來結論像是：「沒問題，小伙子。放手去玩吧！」幾週後，哈維與同夥就開始大量投注了。

　　不久，賽爾比也來了。他告訴我，2005 年 8 月他就與樂透當局的律師在布倫特里會面，告知他的密西根州公司會大量購買麻州彩券。因此巨量集資投注，對麻州政府而言並非祕密。

如果賭博會刺激，你就還沒上道

　　既然如此，為什麼麻州政府還允許哈維、張博士、賽爾比從麻州賺走上百萬元？有哪一家賭場會讓賭客週復一週贏走莊家的錢，而不採取任何行動？

　　想要解開這個謎，必須更仔細思考樂透運作的道理。每賣出一張 2 元的彩券，麻州就留下 80 美分。留下的錢有部分發給銷售商

家做為佣金，有些部分是營運開銷，剩餘的則分配給全州各縣市。2011 年有九億美元的進帳用來支付警察薪水、補助學校計畫，大致上來說，就是填補政府預算的坑坑洞洞。

其餘的 1.2 元會倒回獎金蓄水池裡，準備分給玩家。你還記得我們一開始做的計算嗎？在平常日子裡，一張彩券的期望值僅有 80 美分，意思是說平均每賣一張彩券，州政府才回饋 80 美分。其餘 40 美分跑到哪去了？那就在「向下滑」時起了作用。發放 80 美分不足以出清獎金蓄水池，於是頭獎逐週增長到觸及 2 百萬，開始「向下滑」。那時樂透就改變本性，水門一經打開，累積的錢就宣洩而下，流入任何有智慧等待的人手裡。

看起來好像州政府那天會損失金錢，不過這種觀點有局限。那些上百萬的錢本來也不屬於麻州政府，從一開始它們就已經標定為獎金。州政府從每張彩券拿了該拿的 80 美分，然後把其餘的錢交出來。彩券賣得愈多，進帳愈多，州政府根本不管是誰贏錢，只關注有多少人買彩券。

所以投注集團在「向下滑」的日子賺進大筆錢時，他們賺的不是州政府的錢，而是其他玩家的錢，特別是那些做了錯誤決策，在沒有「向下滑」日子玩樂透的人。投注集團沒有打敗莊家，他們就是莊家。

就像拉斯維加斯賭場的營運商一樣，巨量投注者也不完全能避免手氣背。輪盤賭客有可能手氣奇順無比，從賭場賺進大筆金錢。投注集團也可能碰到普通投注者對中了六碼，把所有「向下滑」的錢都滾回了頭獎。不過哈維跟同夥小心計算過，這種事發生的機會小到足以容忍。在「大贏錢」的生命歷程裡，只有一次有人在「向

下滑」的日子對中頭獎。假如機會有利於你，而你大量投注，那麼你的高獲利程度，就足夠稀釋任何可能遭遇的歹運。

如此一來，玩樂透肯定沒那麼令人感覺刺激了。但是對哈維或其他大量投注者而言，尋求刺激並非重點。他們的座右銘是：如果賭博會刺激，你的玩法就還沒上道。

如果投注集團是莊家，那州政府算什麼？州政府就是……就是州政府。正如拉斯維加斯大道上的賭場向內華達州繳交利潤的一定比例，換取該州維護基礎建設與執法的服務，使他們的事業興旺，麻州也從投注集團撈進的錢裡拿走穩定的一份。當「藍登戰略」買進七十萬張彩券，啟動了「向下滑」的機制，麻州的各地方政府就可以從每張彩券裡拿走 80 美分，總計 56 萬美元。州政府不愛賭博，有沒有勝算都一樣。州政府只喜歡抽稅，基本上那就是麻州樂透當局該做的正事，並且做得還不錯。根據檢察總長的報告，「大贏錢」給樂透當局帶來了一億二千萬美元的收入。如果你能拿走九位數的進帳，恐怕不該說你中了別人的計。

沒有受害者

那麼是誰中了計？顯然的答案就是「其他玩家」。最終是他們的錢滾進了集團的口袋。但是檢察總長蘇利文報告的結尾，口氣又好像是說，誰也沒有遭到陷害：

只要樂透當局向公眾宣布，頭獎快累積到 2 百萬，「向下滑」機制即將啟動，買一張或多張彩券的一般投注者，就不會因為有人大量投注而落入下風。用一句話來說，就是並不會有人因為大量投

注，而使中獎機會受影響。當頭獎達到可以「向下滑」的門檻，任何人賭「大贏錢」都是有利的，而不只是對大量投注者有利。

蘇利文說哈維集團以及其他大量投注者，不會影響到其他人勝出的機會，這是正確的。但是他犯了跟亞當·斯密同樣的錯誤，關鍵的問題並不在於你有多少機會勝出，而是平均而言，你期望可贏得或可輸掉多少錢。投注集團買進幾十萬的彩券，使得每次「向下滑」的獎金會分割成更多份，如此也降低了每張中獎彩券的價值。在這種情況下，投注集團就傷及一般玩家了。

可以做一項類比：假如教會摸彩都沒什麼人來參加，那我就很可能贏得沙鍋回家。但是當一百位新加入的人出現且買了摸彩券，那麼我贏得沙鍋的機會就大為下降。那可能會使我不快活，但那公平嗎？如果我發現那一百人其實都是某位主謀的人頭，而主謀非常非常想要沙鍋，他計算過一百張摸彩券的成本，差不多是沙鍋售價的九折，那我該如何想？那有點缺乏運動家精神，但我又不能說被騙了。當然對教會來說，賣出一大堆摸彩券總比賣不出摸彩券更能增加收入。而增加收入才是此番折騰的重點。

即使大量投注集團不算是詐騙集團，「大贏錢」還是有讓人感覺不安的地方。古怪的遊戲規則弄得好像州政府頒給哈維執照，讓他成為虛擬賭場的老闆，月復一月的從腦筋沒那麼複雜的人那裡拿錢。這是不是說規則很糟糕？麻州州務卿高爾文（William Galvin）告訴《環球報》：「那是給熟練的人玩的私有樂透，問題是為什麼要這樣做？」

假如你回顧一下各項數字，有一種可能的答案會浮現。還記

得嗎，會使用「向下滑」這招，無非是想增加樂透的普及性。他們成功了，只不過也許沒有原來計畫的那麼好。假設「大贏錢」真的熱門到在「向下滑」來臨時，賣出三百五十萬張彩券給麻州居民，那會怎麼樣？請記住，愈多人投注，州政府抽取的 40% 就值愈多錢。我們前面計算過，假如州政府賣出三百五十萬張彩券，就算「向下滑」了，政府還是有賺頭。在那種情形下，大量投注者就沒利潤了。漏洞被堵住，投注集團也瓦解。除了集團成員外，其他人都很快樂。

要賣那麼多彩券的機會並不大，不過麻州樂透當局可能認為如果他們夠幸運，就能達成任務。從某種角度來看，州政府也喜歡賭一賭。

第12章

錯過更多班飛機

1982 年諾貝爾經濟獎得主斯蒂格勒（George Stigler）曾說：「如果你從沒錯過航班，那麼你就是在機場裡耗費太多時間了。」這是違反直覺的口號，特別是你最近真的有錯過航班的話。當我坐困在芝加哥機場，吃著要價十二美元卻倒人胃口的雞肉蔬菜捲時，罕見的為自己的經濟頭腦鼓掌。雖然斯蒂格勒的口號聽起來有點怪異，但是算算期望值就會發現，他完全正確，至少對經常搭飛機的人來說是對的。為了讓事情看起來簡單一點，我們只考慮三種選擇：

選項 1：起飛前 2 小時到機場，有 2% 次會錯過航班

選項 2：起飛前 1.5 小時到機場，有 5% 次會錯過航班

選項 3：起飛前 1 小時到機場，有 15% 次會錯過航班

當然，錯過航班會讓你損失多少，要視情況而定。如果有人

錯過平日往返首都的班機，那麼搭下一班就好了。但是假如你準備參加明天早上十點鐘的親戚婚禮，卻沒搭上今晚的末班機，那麼代誌可就大條了。在樂透的情形裡，彩券的成本與獎額的大小，都可以用金錢來計算。然而坐在機場登機門前浪費時間與錯過航班，這兩者的損耗該如何衡量，就不是很明朗。兩者都很惱人，但是「惱人」卻沒有公認的價碼。

然而決策還是得做，因此經濟學家熱心的告訴我們該如何做，也就是我們仍須建構起某種形式來衡量「惱人」的幣值。主流的經濟學認為，人依靠理性做決策時會追求效用（utility）的最大化。生活裡每樣東西都有效用：像貨幣與蛋糕這些好東西，就會有正的效用，而把腳趾頭踢痛和錯過航班這些壞事情，就有負的效用。有些人甚至喜歡用一種標準的單位「utils」*（以下簡寫為 U）來量度效用。讓我們約定，你在家一小時的時間值一個 U，所以起飛前兩小時到機場會耗費你 2U，而起飛前一小時到機場則耗費一個 U。錯過航班肯定比浪費你一小時更糟糕，如果你認為相當於六小時，那麼你可以把錯過航班想成耗費 6U。

當每件事都轉譯為 U 時，我們就可以比較上面三個選項的期望值了。

選項 1	$-2 + 2\% \times (-6) = -2.12$ U
選項 2	$-1.5 + 5\% \times (-6) = -1.8$ U
選項 3	$-1 + 15\% \times (-6) = -1.9$ U

---

* 通常發音為「you-tills」，但是在我的經驗裡念成「yoodles」更有趣。

選項 2 雖然明顯有錯過航班的風險，但是平均來說卻耗費你最少的效用。沒錯，在機場呆坐是痛苦又無趣的事，但是有痛苦到值得一次次在登機門前多耗費半小時，就只為了減少那已經很小的誤機風險？

也許你覺得有痛苦到那種程度，也許你恨透了錯過航班，認為那會耗費你 20U 而非區區 6U。那麼上面的計算就會改觀，保守的選項 1 成為最好的選擇，它的期望值會等於

$$- 2 + 2\% \times (- 20) = - 2.4 \text{ U}$$

然而這不代表斯蒂格勒就是錯的，只是更換了權衡的地方。你甚至可以提早三小時到達機場，如此就能把錯過航班的機會降到更低。只是這樣做雖然會把誤機的可能性降到近乎為零，但卻保證你會為了等機而損失 3U，結果甚至比選項 1 更糟。如果你把在機場等機的小時數，對照預期效用值，繪製成圖，你會得到像下面這張圖：

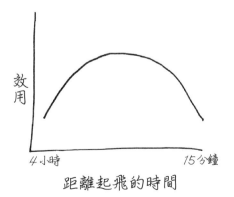

距離起飛的時間

又是拉弗曲線！在飛機起飛前十五分鐘才來，錯過航班的機率會高得要命，也就導致負的效用。但是另一方面，提早好幾小時就到機場，也會讓你損失很多 U。因此最佳的行動方案應該落在兩種極端之間。精確的落點跟你自己衡量誤機或浪費時間的相對好壞有關。不過就算是最佳策略，誤機也總會有一些正機率，數字雖然很小，但不會等於零。所以如果你從來沒有錯過班機，那麼你可能就落在最佳策略的左邊。因此正如斯蒂格勒說的，你應該錯過幾班飛機，以節省一些 U。

當然，這類計算相當主觀，你在機場多花一小時耗費的 U，也許沒有我的那麼多（我真的很痛恨機場賣的雞肉蔬菜捲）。所以你不能懇求理論拋出最佳的到機場時間、或最佳誤機次數。輸出的是定性的答案，而非定量的。我不知道你理想中的誤機機率是多少，但我知道我的不會等於零。

給個警告：就實務上來看，機率接近零很難跟機率就是零相區別。如果你是在全世界到處跑的經濟學家，接受 1% 的誤機風險，或許就是每年錯過一次航班。對大多數人而言，這麼低的風險，結果可能是終生也沒錯過一次航班。所以倘若 1% 是你的適當風險程度，那麼總是趕上飛機並不表示你做錯了什麼。同樣的，你也不能拿斯蒂格勒的論證來支持下面的說法：「如果你從沒把車子撞毀，你就是開太慢了。」斯蒂格勒說的是，假如你把車撞毀的風險為零，那你就是開太慢了。這是廢話，因為唯一使風險為零的做法，就是不開車！。

對於各種類型的最佳化問題，斯蒂格勒方式的論證都很好用。就拿政府的浪費為例：你不會有哪個月不從報紙上讀到，有關公務

員鑽漏洞獲得特別多的退休金，或跟國防部做生意時要價荒謬卻能得手，或早已不具功能的市政單位，因為怠惰或有人護航而持續花費公帑等新聞。其中 2013 年 6 月 24 日《華爾街日報》的「華盛頓電訊」部落格裡寫的一則狀況最具代表性：

> 社會安全局督察長在週一宣布，該局不當發放三千一百萬美元福利金，給付 1,546 位咸認已故的美國人。
>
> 有可能讓該局更倒楣的是，督察長說社會安全局能從政府數據庫裡，擷取那些人的死亡證明文件，意指該局早應知曉並停止給付。

　　為什麼我們允許這類的事持續發生？答案很簡單，因為消滅浪費也有成本，就像提早去機場也有成本。嚴格執法與強力監督是值得追求的目標，但是消滅所有浪費，正如消滅極微小的誤機機率，所需的成本更勝於獲益。根據部落客（也是前數學競賽選手）包卓特（Nicholas Beaudrot）的觀察，三千一百萬美元僅占社會安全局每年發放金額的 0.004%。換句話說，對於知道誰仍健在而誰已不在，該局已經做得非常好了。為了消除那極少的失誤，使該項指標更加亮眼，代價有可能非常昂貴。假如我們要計算 U 的話，我們不該問：「我們為什麼要浪費納稅人的錢？」而應該問：「該浪費多少納稅人錢才正確？」以斯蒂格勒的口氣來說就是：如果你的政府不浪費，那你就花太多時間在清除政府浪費上了。

再說一件關於上帝的事，我就保證閉嘴了

　　巴斯卡是最早弄清楚期望值的人之一，當時賭徒岡保（Antoine

Gombaud）（他自封梅雷騎士）問了幾個讓他困惑的問題。為此，巴斯卡在 1654 年花了半年時間與費馬通信，想瞭解哪種賭法在長時間不斷重複下，會傾向於獲利，而哪些會輸個精光。用現代的術語來講，他想知道哪些下注法有正期望值、哪些有負期望值。一般認為，巴斯卡與費馬的通信，標誌了機率論的開端。

1654 年 11 月 23 日晚上，信仰虔誠的巴斯卡經歷了強烈的神祕經驗，他竭盡自己的文字能力記錄如下：

火

屬於亞伯拉罕、以撒、雅各的上帝

而非屬哲學家與學者⋯⋯

我曾把自己與祂切斷，迴避祂、否認祂、把祂釘上十字架。

願我永遠不要再與祂切割！

唯有根據福音的教訓才能擁有祂

甜美與完全的克己

完全服從我的指引耶穌基督

以在世一日的劬勞換得綿長的喜悅

巴斯卡把這段話縫進了衣服襯裡，終生奉持。他在那次經歷「火」的夜晚後，便從數學撒手，把智性研究都集中在宗教議題上。1660 年，老朋友費馬寫信給他，表示想見一面時，他回覆說：

跟你暢談幾何學，是我最好的心智操練。但是，我同時又認為那一無所用，我不能分辨只做幾何的人與精巧的匠人有何差別⋯⋯

E.

L'an de grace 1654.

Lundy 23: Nov. jour de S. Clement
Pape et m. et autres au martirologe Romain
veille de S. Crysogone m. et autres &c.
Depuis environ dix heures et demi du soir
jusques environ minuit et demi

FEV.

Dieu d'Abraham. Dieu d'Isaac. Dieu de Jacob
non des philosophes et sçavans.
certitude joye certitude sentiment vue joye
Dieu de Jesus Christ.
Deum meum et Deum vestrum.
Jeh. 20. 17.
Ton Dieu sera mon Dieu. Ruth.
oubly du monde et de tout hormis DIEV
Il ne se trouve que par les voyes enseignées
dans l'Euangile. grandeur de l'ame humaine.
Pere juste, le monde ne t'a point
connu, mais je t'ay connu. Jeh. 17.
Joye Joye Joye et pleurs de joye —
Je m'en suis separé —
Dereliquerunt me fontem —
mon Dieu me quiterez vous —
que je n'en sois pas separé eternellement.

Cette est la vie eternelle qu'ils te connoissent
seul vray Dieu et celuy que tu as envoyé
Jesus Christ —
Jesus Christ —
je m'en suis separé, je l'ay fui renoncé crucifié
que je n'en sois jamais separé —
il ne se conserve que par les voyes enseignées
dans l'Euangile.
Renontiation Totale et douce
soumission totale à Jesus Christ et à mon directeur.
eternellem. en joye pour un jour d'exercice sur la terre.
non obliviscar sermones tuos. amen.

巴斯卡的《回憶錄》，羊皮紙版。巴黎法國國家圖書館照片。

我的研究已經引領我走得如此深遠，我幾乎已經記不起來還有幾何這回事了。

　　兩年後巴斯卡就過世了，享年三十九歲，留下一堆筆記與論說文，都是為寫維護基督教的書做的準備。他去世後八年，這些材料彙集成《思想錄》一書。這是了不起的著作，充滿值得引用的箴言式語句，有許多地方表現出絕望，也有不少地方晦澀難解。內文大部分都是經過編號的迸發式短文：

> 199. 讓我們想像一大群遭判死刑的人，他們披枷帶鎖，天天看到有人在自己眼前遭處決，活著的人從同伴的命運裡，看到了自身的命運，他們悲痛又絕望的面面相覷，等待殘酷的命運降臨己身。這就是人類處境的縮影。
>
> 209. 你會因為受主人寵愛而比較不是奴隸了嗎？奴隸啊奴隸，你確實是交了好運！主人寵你，但不久後也會鞭笞你。

　　《思想錄》裡最有名的是編號 233 的思辨，巴斯卡自己給的標題是〈無限—無物〉（infinite-rien），但一般都稱為「巴斯卡之賭」。

　　我們已經提過巴斯卡認為，上帝存在與否是邏輯不該插手的問題：「『上帝存在，或不存在』。我們將傾向哪一邊？在這問題上頭，理智不能決定什麼。」不過巴斯卡並沒有就此打住。他進一步問到，信仰難道不是一種打賭？一種賭注高過一切的遊戲，一種你別無選擇、非玩不可的遊戲。巴斯卡分析了這個賭局，並區分出聰明與愚蠢的玩法，他幾乎比世界上任何人更瞭解其中奧祕。到頭

來，他還是沒把數學工作全部拋到腦後。

巴斯卡如何計算信仰遊戲的期望值？關鍵已經披露在他的神祕啟示經驗裡：

以在世一日的劬勞換得綿長的喜悅

這是什麼啊？要盤算接受信仰的成本與獲利嗎？即使在他與救世主的狂喜交融中，他還在做數學！我就是喜歡他這一點。

想要計算巴斯卡的期望值，我們還需要上帝存在的機率。我們就暫時當個很懷疑神存在的人，只賦予上帝存在這個假設 5% 的機率。假如我們信上帝，結果我們是對的，那麼我們的回報是「綿長的喜悅」，或以經濟學家的口氣來說：獲得無窮多的 U。* 假如我們信上帝，但結果我們是錯的（我們相信有 95% 的機會出現這個結局）就得付出代價，也許比巴斯卡建議的「一日的劬勞」更多，因為我們不只要計算花在祈禱的時間，還要包括為了追求救贖，所放棄的世俗歡樂的機會成本。無論如何那會是固定的總數，我們就把它估算成 100U 吧！

於是信仰的期望值便是

$$(5\%) \times 無窮大 + (95\%)(-100)$$

---

* 我至少聽過一位經濟學家論證過，在未來享用某一定量的快樂，價值低於現在享用同樣量的快樂，所以在亞伯拉罕胸懷裡享受永恆歡悅的價值，其實是有限的。

雖然 5% 是小數目，但是無窮大的歡樂是非常多的歡樂，無窮大的 5% 還是無窮大。因此它會把我們信教的代價給淹沒。

我們曾經討論過，賦予「上帝存在」這類命題數值機率的危險性，任何賦予數值的方法是不是有道理，仍不清楚。但是巴斯卡並沒有在數值分配上閃躲，他根本不需要有這種動作。因為不管是 5% 還是任何其他數值都無關宏旨，無窮大賜福的 1% 仍舊是無窮大的賜福，會壓倒虔誠度日的任何有限代價。百分比即使小到 0.1% 或 0.000001%，結論全都一樣。關鍵在於上帝存在的機率不等於零，這一點你必須讓步吧？神的存在至少應該是可能的吧？既然如此，期望值的計算自然毫無含糊之處：信神是值得的。這個選項的期望值不僅為正，而且是無窮大。

不過，巴斯卡的論證有個致命的缺陷。最嚴重的地方與《數學教你不犯錯》上冊第 10 章裡講過的「魔法靈貓」T 恤例子有同樣缺失，也就是沒考慮所有可能的假設。

在巴斯卡設定的場景裡只有兩種選項：基督教的上帝是真實的，會賞賜福報給祂的信徒，要不然就是上帝不存在。但是假如有一個上帝，祂卻是永恆的降罪於基督徒，那又會怎樣？這種上帝也有可能，而且單是這種可能性，就足夠砍殺巴斯卡的論證：因為現在如果接受了基督教，雖然是賭有得到無窮歡悅的機會，但是也有可能得到無窮的折磨，而且沒有好辦法衡量兩種選項的發生機會。我們又回到了出發點，什麼也無法由理性決定。

文學家與數學家見解不同

伏爾泰提出了不同的意見。你也許猜想他會對巴斯卡的賭注

說法有所共鳴，畢竟我們知道他並不反對賭博。而且他也豔羨數學，他對牛頓的態度近乎崇拜（他曾經稱牛頓為「我願為其犧牲的神」），也與數學家沙特萊侯爵夫人（Émilie du Châtelet）浪漫糾纏多年。但是巴斯卡並非伏爾泰類型的思想家。兩人之間在氣質上與哲學上，都隔著難以跨越的鴻溝。伏爾泰爽朗的世界觀裡難容巴斯卡陰鬱、內省、神祕的宣洩。伏爾泰戲稱巴斯卡為「崇高的厭世者」，並且寫了一個長篇，把令人沮喪的《思想錄》一節一節擊倒。他對巴斯卡的態度，猶如討喜的機伶小孩對上難與人打成一片的書呆子。

至於賭注，伏爾泰說它是「有點不得體又孩子氣：針對問題的嚴重性而言，使用遊戲並且談及輸贏，真不恰當。」更深入的說：「我相信對一件事的興趣，絕不能用來證明此事的存在。」陽光型的伏爾泰傾向非正式的設計論：看看這個世界，它是多麼的奇異美妙，所以上帝存在，證明完畢！

伏爾泰其實錯失了準頭。巴斯卡打的賭有些超越時代，以致於伏爾泰沒能跟上。伏爾泰只說對一件事，巴斯卡確實不像解聖經密碼的魏次騰或阿巴斯諾特，或當代宣傳智慧設計論者，巴斯卡並沒有提供上帝存在的證據。但是他確實提出了一個值得信仰的理由，只是這個理由與信仰的效用有關，與證明信仰無關。從某種角度來看，他預見了我們在上冊第 9 章提到的，尼曼與艾根・皮爾生的嚴謹態度。他像他們一樣，懷疑到手的證據能否做為判定對錯的可靠工具。然而，我們別無選擇，必須決定去做什麼。

巴斯卡並不想說服你上帝存在，他想說服你，相信上帝存在對你比較有利，因此你最佳的行動方案就是跟基督教攪和在一起，當

形式上的虔信者，攪和得夠久之後，你就會開始真正的信仰。如果用現代的話來表達巴斯卡的論證，我想我是無法比華萊士在《無限詼諧》（*Infinite Jest*）中說得更好了。

最近才沒有醉茫茫卻走投無路的福來格斯（White Flaggers），總是受鼓勵念一些其實不懂或者不相信的空洞口號。例如：「慢來就成事！」「翻轉一下！」「一次只一天！」。這就是所謂的「假戲演久了就成真！」，它本身就是陳腔濫調的口號。酒鬼需要站起來公開講話時，都會說他對於自己今天能戒酒是多麼心存感謝，即使他心底一點也不感謝、不快樂，也得這麼說。有人鼓勵你說這些玩意，直到你開始相信它，就像你問那些頭腦清醒、時間足夠的人，你還得在這該死的會議裡待多久，他便擺出那種讓人生氣的笑容，告訴你要待到你開始真的想要參加這些該死的會議為止。

聖彼得堡悖論

對於沒有明確金錢價值的東西，例如：浪費掉的時間、難吃的飯，效用的單位 U 在做決策時還滿好用的。不過當你處理有明確金錢價值的東西，譬如金錢本身，你還是需要談論效用。

這個道理早在機率論剛開始發展時就有人意識到，正如許多重要的概念最先都是以謎題形式為人談論，丹尼爾・白努利（Daniel Bernoulli）也在 1738 年的論文〈概述量度風險的新理論〉裡描述了這個謎題：「彼得持續丟擲錢幣，直到落在地上時出現『正面』為止。如果他在第一次丟擲時就出現正面，他答應給保羅一個杜卡

（Ducat），如果第二次才出現正面就給兩個杜卡，第三次才出現給四個杜卡，第四次才出現給八個杜卡，以此類推。於是每多丟一次，他要付出的杜卡數目就會加倍。」

對保羅來說，這種安排頗具吸引力，他應該會樂意先付一些入會費來玩。該付多少？以我們討論樂透的經驗為基礎，答案應該是要計算保羅能從彼得那裡拿到多少錢的期望值。第一次有五五波的機會出現正面，此時保羅可得一個杜卡。假如第一次丟出反面，第二次才丟出正面，這種情形發生的機會是總數的 1/4，而保羅得到兩個杜卡。要想得到四個杜卡，頭三次必須丟出反面、反面、正面，其發生機率為 1/8。以此類推，保羅獲利的期望值為

$$(1/2) \times 1 + (1/4) \times 2 + (1/8) \times 4 + (1/16) \times 8 + (1/32) \times 16 + \cdots\cdots$$

或是

$$1/2 + 1/2 + 1/2 + 1/2\cdots\cdots$$

總和沒有辦法用一個數字表示，它是發散的；你加的項數愈多，總和就愈大，它的增長會超過任何有限門檻。*如此看來，保羅為了得到玩這場遊戲的權利，應該不計其數的投入杜卡。

---

* 除了奔向無限大的發散級數，《數學教你不犯錯》上冊第 2 章裡，我們還看過無法安穩定下來的發散級數，就像格蘭迪的級數 1 − 1 + 1 − 1……。

聽起來似乎有點不對勁。確實也是！數學告訴我們聽起來不對勁的事情時，數學家不會只是聳聳肩轉身而去。我們會去尋找軌道上的缺陷，探尋是數學、還是我們的直覺讓我們翻車。大約在論文發表前三十年，丹尼爾‧白努利的堂兄尼克勞斯‧白努利就設計了這個稱為聖彼得堡悖論（St. Petersburg paradox）的謎題，當時許多機率學者為它感到困惑，百思不得其解。然而晚輩的丹尼爾‧白努利漂亮的解開了這個悖論，這是極具里程碑意義的結果，也成為討論不確定價值時經濟思維的基礎。

丹尼爾‧白努利說，謬誤所在就是把一個杜卡當做一個杜卡。富人手裡的一個杜卡跟農夫手裡的一個杜卡，價值並不相同，這從他們珍惜一個杜卡的程度不同，就很明顯看得出差異。擁有兩千個杜卡並非比一千個杜卡加倍的好，事實上會低於兩倍好，因為對於手中已有一千杜卡的人來說，再多一千杜卡的滿足程度，一定比不上原來兩手空空而得到一千杜卡的人。加倍的杜卡並不能轉換成加倍的 U；並不是所有的曲線都是直線，而金錢與效用之間的關係，是由某種非線性曲線所主宰。

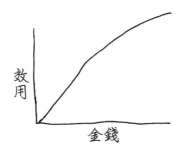

　　丹尼爾・白努利認為效用應該像對數那樣增長，所以第 k 次的獎金 2^k 杜卡只值 k 個效用。請記住，我們可以把對數想成差不多是數字的位數：以貨幣的單位來說，丹尼爾・白努利的理論認為，富人量度一堆錢的價值，是按照 $ 符號後面跟的是幾位數——十億富翁比一億富翁更有錢的程度，相等於一億富翁與千萬富翁相比的程度。

　　在丹尼爾・白努利的解釋下，聖彼得堡遊戲的期望值就是下面級數的總和：

$$(1/2) \times 1 + (1/4) \times 2 + (1/8) \times 3 + (1/16) \times 4 + \cdots\cdots$$

　　如此就馴服了悖論；此級數的總和不再是無窮大，甚至不是非常大。事實上，有一個漂亮的小技巧能讓我們精確算出總和來：

$$\frac{1}{2} + \frac{1}{4} + \frac{1}{8} + \frac{1}{16} + \frac{1}{32} + \cdots = 1$$

$$\frac{1}{4} + \frac{1}{8} + \frac{1}{16} + \frac{1}{32} + \cdots = \frac{1}{2}$$

$$\frac{1}{8} + \frac{1}{16} + \frac{1}{32} + \cdots = \frac{1}{4}$$

$$\frac{1}{16} + \frac{1}{32} + \cdots = \frac{1}{8}$$

$$\frac{1}{32} + \cdots = \frac{1}{16}$$

$$\frac{1}{2} + \frac{2}{4} + \frac{3}{8} + \frac{4}{16} + \frac{5}{32} + \cdots = 2$$

第一列 1/2 ＋ 1/4 ＋ 1/8……等於 1；是上冊第 2 章裡芝諾遇過的級數。第二列只是把第一列每項除以 2，所以它的和是第一列和的一半，就是 1/2。同理類推，第三列是把第二列每項除以 2，所以總和為第二列總和的一半，就是 1/4。在三角形內部全體數目的總和會等於 1 ＋ 1/2 ＋ 1/4 ＋ 1/8……，剛好比芝諾的總和多 1，所以就等於 2。

如果我們不是一列一列先求和，而是每行每行來求和，會發生什麼事？正如我父母那套立體音響的壁板，無論我們是橫的算還是直的算，總和就是總和。＊在第一行裡只有單一的 1/2；第二行裡有兩個 1/4，成為 (1/4) × 2；第三行裡有三個 1/8，成為 (1/8) × 3，以此類推。各行和所形成的級數，正是丹尼爾・白努利為了研究聖彼得堡問題所設定的級數。此級數的和就是三角形內所有數字的總和，也就是 2。所以保羅應該付出的杜卡數目，就是他個人效用曲線告訴他的 2U 的價值。†

非線性關係再現

效用的曲線是不可能精確畫出的，我們只知道它會隨金錢額度的增長而傾向於往下彎。‡不過當代的經濟學家與心理學家持

＊ 警告：如果把這種直覺的論證用到無窮求和上，有可能遭遇很大的危險。目前這個例子還沒問題，但是對一些更古怪的無窮求和，就會錯得離譜。特別是正負項都有的無窮求和，更是要謹慎。

† 沃德的指導教授明格爾（Karl Menger）在 1934 年指出，聖彼得堡遊戲可以有回報極度豐富的變化版，那麼連丹尼爾・白努利的對數玩家似乎也必須付出任意多的杜卡來入局。如果第 k 次的獎額是 2^m，而 $m = 2^k$ 會怎樣？

‡ 事實上，大部分的人會說效用曲線根本不會真實存在，應該把它想做是寬鬆的指導方針，而不是真實物件，它的確切形狀尚未精準量度出來。

續不斷發明愈發精緻的實驗，讓我們對它的理解更加犀利。(「現在把頭舒服的放在 fMRI 的中央，如果你不介意，我要請你為以下六個賭撲克的策略排序，從最具吸引力的排到最沒吸引力的，在那之後，如果你不介意，就保持不動，我的博士後會拿口腔棉棒……？」)

我們至少知道沒有唯一的曲線，不同的人在不同場合，會賦予金錢不同的效用。這個事實是重要的。當我們準備把經濟行為一般化，它提醒我們停下來，或至少應該先暫停再多考慮一下。我們在上冊第 1 章第 35 頁提過的哈佛經濟學家曼昆，在 2008 年寫了一篇廣為流傳的部落格文章，批判總統候選人歐巴馬提高所得稅的政見，會導致就業趨緩。

對曼昆而言，他已經達到平衡狀態，他多做一小時工得到的金錢效用，會被少跟子女相處一小時的負效用抵消。降低曼昆每小時賺到的錢，這種交換就不會等值了，他會減少工時直到所得水準降低，低到陪小孩一小時等值於經過歐巴馬調降後、一小時工作的所得。他同意雷根從牛仔電影明星的角度看到的經濟：稅率提高後，你就會拍更少的牛仔電影。

然而並非人人都是曼昆，特別是並非所有人都跟他有相同的效用曲線。寫諷刺文章的雷伯維茲（Fran Lebowitz）曾經講過，她年輕時在曼哈頓開計程車的故事。她在每個月的月初會開車，每天都開，賺夠了當月的房租與飯錢就停止開車，動手寫作到月底。對於雷伯維茲而言，超過某個門檻後多賺的錢，對於效用的貢獻都是零，所以她的效用曲線跟曼昆的不一樣。付了房租後，她的曲線就走平了。如果所得稅提升，會對雷伯維茲發生什麼影響？她會工作

得更久而非更短，好讓自己的收入到達門檻。＊

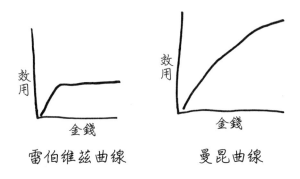

丹尼爾・白努利並非唯一一個想到效用與金錢並非線性關係的數學家，至少還有兩位研究者是他的先河。一位是在日內瓦的克拉瑪，另外一位是跟克拉瑪有信件來往的年輕人──那位投針的布方伯爵。布方對機率的興趣，並沒有局限在客廳裡的遊戲。他在晚年回憶當初遭遇惱人的聖彼得堡悖論的情形：「我苦思冥想這個問題，好久都找不出癥結所在。如果不引進某些道德上的考量，我無法看出有可能把數學計算跟常識相吻合。我把自己的想法表達給了克拉瑪先生，他說我是正確的，他也依循類似的途徑解決了這個問題。」

布方的結論可與丹尼爾・白努利的相映照，而他對於非線性的觀察特別清晰：

＊雷伯維茲在她的書《社會研究》（*Social Studies*）裡說：「請站穩立場，拒絕在代數課保持清醒。在真實的生活裡，我跟你保證，根本沒有代數這碼子事。」我認為這個例子顯示，雷伯維茲的生活裡仍然有數學，不管她叫不叫那個為數學！

　　金錢不能以它的數值量來估算：金錢僅是財富的符號，假如它就是財富本身，也就是說從財富中得到的快樂或福利，會確實的與金錢成正比，那麼人就有理由以金錢的數值或數量來估算財富。但是在生活必須的部分，人從金錢中得到的福利，往往僅適度的正比於它的數量。擁有十萬埃居收入的富人，快樂的程度並非十倍於擁有一萬埃居的人。有些東西是勝過金錢的，當金錢超過某種限度，就會失去具體價值，不能再繼續增加擁有者的福祉。發現一座金山的人，不見得比發現一立方黃金的人更富有。

　　預期效用學說直截了當又具吸引力：面對選項時，就去挑選效用期望值最高的那個。在我們能力範圍內，它也許是最接近個體決策的簡單數學理論。它確實也捕捉到人類在做選擇時的許多特性，因此，它一直是從事量化工作的社會科學家必備的核心工具。拉普拉斯（Pierre-Simon Laplace）在他 1814 年的《機率的哲學論》（*A philosophical Essay on Probabilities*）一書最後一頁寫道：「在這本論著裡，我們可以看到機率論到最終，無非就是把常識逐步化為『微積分』，它指出的精確方法，未必為理性心靈所知覺，但確實可用本能去體會。在意見與決定的選擇上不會留下疑義，因為總可以依賴它得到最有利的選擇。」

　　我們再次看見：數學是以額外手段擴充的常識。

怪才艾司柏格也有悖論

　　不過預期效用理論並不能得到所有的東西。惱人的問題再次以謎題的形式出現。這次出題的是艾司柏格（Daniel Ellsberg），他後

來成名是因為當揭弊者，把五角大廈的文件洩漏給民間媒體。（在數學圈裡，有時候看法很狹隘，所以聽到他們說：「你知道他在牽扯到政治之前，還真的做出某些重要成果。」就一點也不匪夷所思了。）

1961 年，在艾司柏格從公眾視線冒出的前十年，他是美國智庫蘭德公司裡一位年輕聰明的分析師，為美國政府的核戰戰略事務提供諮詢，研判如何避免核戰，或在無法避免時如何有效進行核戰。同一時期，他也在哈佛大學攻讀經濟學博士。行走於這兩條路徑上，他都在深刻思考面對未知時，人類做決策的過程。當時預期效用論在做決策的數學分析上，居於至高無上的位置。馮諾伊曼與摩根史坦 * 在他們的奠基著作《賽局與經濟行為論》（*Theory of Games and Economic Behavior*）裡，已經證明如果人遵守某些行為規則，或稱之為公設（axiom），在他們的抉擇行動上就必然是為了追求某些效用函數的極大化。這些公設後來經由莎維奇更加精緻化，成為當時在不確定狀況下的行為標準模式。莎維奇（見上冊第 10 頁）曾經是沃德在戰時領導的統計研究小組成員。

賽局理論與預期效用理論在人與人或國與國談判時，依然扮演重大的角色，但是已經不如在冷戰高峰期時，在蘭德公司裡那般獨領風騷。在那裡，馮諾伊曼與摩根史坦的著作猶如《摩西五經》般受到敬畏與解讀。蘭德公司的研究者研究的是人類生活中非常基礎的東西：抉擇以及競爭過程。他們研究的博弈，就像巴斯卡打的

---

* 這位摩根史坦就是把沃德從純數學帶出來，最終也把他從遭占領的奧地利帶出來的那位。

賭，且賭注極大。

　　年輕的超級新星艾司柏格有喜歡破壞既有期望的胃口。他從哈佛大學以第三名畢業之後，跌破所有同學的眼鏡，跑去陸戰隊當了三年步兵。1959 年他以哈佛青年學者的身份，在波士頓公共圖書館發表了關於外交戰略的演講，他有一段評價希特勒做為地緣政治戰術家的說法，相當有名：「他是值得研究的藝術家，你期望從他那裡學到什麼呢？就是暴力威脅能達成的目的。」（艾司柏格總是堅稱，他並沒有建議美國採納希特勒式的戰略，他只是想不牽涉情緒的研究它們的有效性。也許真的如此，但很難懷疑他沒有一點譁眾取寵的念頭。）

　　艾司柏格不滿意完全接受主流觀點，對此你或許不會感覺詫異。事實上，從大學四年級寫的論文開始，他就一直在找賽局理論基礎的毛病。他在蘭德公司發明了一項有名的實驗，現在都稱為艾司柏格的悖論。

　　假設有一個罐子裡面裝了 90 顆球。你知道其中 30 顆是紅色，至於其他 60 顆球，你只知道有些是黑球、有些是黃球。實驗者告訴你有下面四種賭法。

　　【紅】：如果下一個從罐子裡抽出來的球是紅球，你就得到
　　　　　　$100；否則，你一無所得。
　　【黑】：如果下一個從罐子裡抽出來的球是黑球，你就得到
　　　　　　$100；否則，你一無所得。
　　【非紅】：如果下一個從罐子裡抽出來的球為黑球或黃球，你就
　　　　　　得到 $100；否則，你一無所得。

【非黑】：如果下一個從罐子裡抽出來的球為紅球或黃球，你就得到 $100；否則，你一無所得。

你喜歡哪一個賭法？【紅】或【黑】？那麼【非紅】與【非黑】又如何？

艾司柏格對實驗對象進行訪談，想知道他們偏好哪一種賭法。結果他發現接受調查的人傾向偏好【紅】甚於【黑】。賭【紅】時，你知道自己的形勢：你有三分之一的機會贏錢。賭【黑】的話，你搞不清有多少機會贏。至於【非紅】對上【非黑】，情況也類似。艾司柏格的實驗對象喜歡【非紅】甚於【非黑】，因為他們知道前者的贏錢機會有 2/3。

現在假設你要做一個更複雜的選擇：你必須挑選兩種賭法。然而不是任意挑選，你的兩個選項是【紅】與【非紅】或【黑】與【非黑】。如果你偏好【紅】甚於【黑】，也喜歡【非紅】甚於【非黑】，那麼看起來比較合理的選擇會是你喜歡【紅】與【非紅】更甚於【黑】與【非黑】。

現在問題來了，選擇【紅】與【非紅】跟給你自己 $100 是同一件事。不過選擇【黑】與【非黑】的效果也相同！兩者都是同一件事時，如何可能偏好其中之一？

對於支持預期效用理論的人而言，艾司柏格的結果看起來滿奇怪的。每一種賭法都值若干 U，假如【紅】的 U 大於【黑】的 U，並且【非紅】的 U 大於【非黑】的 U，則必然應該有【紅】與【非紅】的 U 大於【黑】與【非黑】的 U；但是現在兩者卻是相同的。倘若你願意相信 U，你就必須相信，參加艾司柏格實驗的人若

不是偏好有誤，就是不善於計算，或沒仔細看清楚問題，或者就只是單純腦袋壞掉。不過，因為艾司柏格訪談的人都是有頭有臉的經濟學家或決策學家，因此這項結果讓流行的學說撞上了問題。

已知的未知，以及未知的未知

　　對艾司柏格而言，由此悖論得到的答案很單純，就是預期效用論是錯的。日後倫斯斐說得好，我們有已知的未知，還有未知的未知，兩者應該分開處理。「已知的未知」就像【紅】，我們不知道會抽出什麼顏色的球，但是我們能量化抽出指定顏色球的機率。但是【黑】讓參與抽球的人陷入「未知的未知」，我們不僅不能保證抽出黑球，甚至抽出黑球的知識也盡付闕如。在決策理論的文獻中，前面一類未知稱為風險，後面一類稱為不確定性。具風險的策略能有數值的分析，艾司柏格建議，具不確定性的策略是超越形式數學的分析，至少是超越蘭德公司愛好的那類數學分析。

　　以上所說的並非要否定效用理論的強大效用。在許多狀況下，例如樂透等等，我們碰到的謎團都屬於風險，都會受明確的機率掌控。也有更多的狀況，「未知的未知」雖然存在，但作用微小。我們在此看出，用數學研究科學時頗具代表性的推拉作用。像丹尼爾‧白努利與馮諾伊曼這類數學家，對某些以往只是隱晦認識的探索圈，他們建構了數學工具後得以照進亮光。像艾司柏格這類擅長運用數學的科學家，努力想理解那些方法的局限，盡可能細緻化與改良它們，也用強烈的警語提醒人們，注意它們力有未逮之處。

　　艾司柏格以生動的文藝筆觸寫的論文，不太像一般經濟專技論文的風格。論文結尾，他談到那些實驗對象：「貝氏與莎維奇的方

法導出錯誤的預測，根據這些錯誤的預測，會給出糟糕的建議。他們在行動上毫無歉意的有意與公設衝突，因為他們認為那是合理的行為。他們是不是明顯犯錯了？」

冷戰時期，在華盛頓與蘭德公司的世界裡，決策理論與賽局理論擁有最隆崇的智識聲譽，就像原子彈贏了前一場大戰，這兩種理論被認為會是贏得下一場戰爭的科學工具。這些工具其實在應用上有局限，特別是在既無先例又無法計算機率的場合裡，譬如說瞬間把人類化為放射塵土，艾司柏格一定曾經感覺過相當程度的不安。是不是在這類數學上的歧異，開啟了他對軍方當權派的懷疑呢？

第13章

火車鐵軌相交之處

效用的概念有助於我們理解「大贏錢」故事裡一些令人困惑的點。賽爾比集團大量買彩券時,他們是讓電腦「快選」隨機挑號碼,但「藍登戰略」卻是自己挑號碼,所以要手寫幾十萬張的選號單,然後在選定的便利商店裡,把選號單一張張餵進機器,這是龐大而枯燥的工作。

中獎的號碼完全是隨機產生的,所以每一張彩券都有相同的期望值。平均來說,賽爾比花10萬元「快選」得來的獎金,跟哈維與盧昱然花10萬元精心勾選彩券得來的獎金,是一樣的。難道「藍登戰略」做了很多苦工卻毫無回報?

讓我們考慮一個比較簡單但性質相同的情形。你寧願馬上拿走5萬元,還是打一個50－50的賭,輸了付10萬元,贏了拿20萬元?這個賭局的期望值是

$$(1/2) \times (-100,000 \text{元}) + (1/2) \times (200,000 \text{元}) = 50,000 \text{元}$$

賭局的期望值跟直接拿走的錢相同。確實有一些原因使兩種選擇彷彿沒什麼差別。假如你一再打這個賭，你幾乎可以肯定有一半次數會贏 20 萬元，另一半次數輸 10 萬元。假想你的贏和輸交錯出現，賭兩次之後，你贏 20 萬元，輸 10 萬元，所以淨贏 10 萬元。賭四次後，你淨贏 20 萬元；賭六次後，你淨贏 30 萬元，以此類推：平均每賭一次就可賺進 5 萬元，跟你直接拿錢的保險途徑一樣。

愈有錢，愈能承擔風險

但是現在假裝你不是經濟學教科書應用題裡的角色，而是實際存在且手上沒 10 萬元的人。賭輸第一次的時候，賭場來找你要錢，面對那位塊頭大、愛生氣、禿頭又練健力舉重的傢伙，你敢對他說：「透過期望值的計算，我知道長時間之後，我非常可能可以還你錢。」你不會這麼說的。這句話雖然在數學上有理，但是達不到目的。

如果你是實際的人，你應該直接拿 5 萬元走路。

效用理論可以給出合理的推論。假如我是擁有無盡資金的企業，輸掉 10 萬元也沒多糟，假設輸掉 10 萬就是 − 100U，贏 20 萬就得到 200U。在這種情形下，幾元跟幾 U 是以線性關係相對應，1U 不過就是一千元的別名。

但如果我是普通人而且收入微薄，計算方法就大不相同。同樣贏得 20 萬元，對於我人生的改變遠大於對企業的改變，所以我會認為它值 400U。如果輸掉 10 萬元，不僅會把銀行帳戶清空，還會讓我欠那位愛發脾氣的禿頭健力舉重手一筆錢。那就不僅僅是資產

負債表上倒楣的一天，而是有嚴重受傷的風險了。也許我們應該把它估算成 － 1,000U。在這些情形下，賭局的期望值會是

$$(1/2) \times (- 1,000) + (1/2) \times (400) = - 300$$

　　負的期望值告訴你，這不僅比穩當拿走 5 萬元糟，甚至比什麼都不做還糟。那 50% 一敗塗地的機會，是你承擔不起的風險。至少在不保證可以獲得巨大報酬的情況下，你不該冒這個險。

　　這不過是用數學講出你原本就知道的道理：你愈有錢就愈能承擔風險。這種賭博就像是高風險的股票投資，但它有正期望的金錢報酬。如果你做了一大堆這類投資，有時候會一下子賠掉一大筆錢，然而長久下去你會有利可圖。有錢人有足夠的銀彈可做後援，能吸收偶發的損失，持續投資而愈加富有。不夠有錢的人就只能原地踏步。

　　即使你沒有錢支付損失，高風險的投資也不是完全不能碰，然而你要有備案。某項市場行動有 99% 的機會可以賺進 1 百萬元，但是有 1% 的可能性會讓你損失 5 千萬元。你應不應該採取行動？它的期望值為正，所以看起來是好策略。然而你會猶豫要不要冒風險去吸收如此龐大的可能損失，特別是愈微小機率的事件愈難穩當。* 贊成的人會把這種行動稱為「在壓路機前撿幾分錢」，大部分時間你會賺到小錢，但是一個失誤便足以讓你粉身碎骨。

---

* 就如同分析家塔雷伯（Nassim Nicholas Taleb）所論證，為罕見的財務事件分配數值的機率，會造成致命的錯誤。我認為這個論點頗具說服力。

　　那麼該怎麼辦？一種策略就是你全力舉債，直到帳面資產足夠採取有風險的行動，而且你要把風險因素加大一百倍。現在你非常有可能在每次交易賺進 1 億元，太棒了！但如果壓路機撞到你怎麼辦？你會輸掉 50 億元。其實你不會的，因為目前這種環環相扣的世界經濟體系就像搖搖欲墜的樹屋，是用已經鏽蝕的釘子及鍊條維繫。結構體的一部分如果壯麗瓦解，就有令整個陋居墜地的風險，美國聯邦儲備局有很強烈的傾向不讓那種事發生。正如有句老話說的，如果你賠了 100 萬元，那是你的問題；但如果你賠了 50 億元，那就是政府的問題了。

　　這種財務策略居心不良，但是確實管用。1990 年代「長期資本管理公司」就用過這招，在羅文斯坦（Roger Lowenstein）那本很精采的書《天才殞落》（*When Genius Failed*）裡有詳細記載。2008 年金融市場崩解時，有些公司就靠這招存活下來，甚至還獲利。當根本的改變仍遙遙無期時，這招還是管用的。*

分散投資是上策

　　財務公司不是人，大多數人（包括富人）都不喜歡不確定性。有錢的投資者也許會欣然接受期望值是 5 萬元的 50 - 50 賭局，但是更可能乾脆直接拿走 5 萬元。這裡關鍵的字眼是變異數（variance），它是用來量度決策產生的各種結果的分散程度，也告訴你有多少可能性會碰到兩端的極值。如果兩種賭局有相同期望值的

---

* 當然我們有足夠的理由相信，銀行內部的某些人早知道他們的投資非常可能完蛋，卻沒有說實話。但是重點在於，即使銀行家說實話，誘因仍會驅使他們去冒愚蠢的風險，而不顧大眾最後的損失。

金錢報酬，那麼大多數的人，特別是流動資產有限的人，會挑選變異數較低的那種。那就是為何有些人會選擇投資市政債券，儘管股票的長期獲利更高。擁有債券，你可以明確的知道你能拿到錢。因為投資股票的變異數較大，你投錢下去也許很有賺頭，但也可能結局悲慘。

理財的主要挑戰之一就是跟變異數打仗，不管你是不是這麼稱呼它。正是因為變異數，所以退休基金需要分散持股。如果你把金錢都投入石油與天然氣股票，一旦能源部門發生巨大衝擊，你的投資組合就會灰飛煙滅。但是如果你把一半投入天然氣、另一半投入高科技，一個部門股票的大動盪，不必然伴隨另一個部門的波動；所以這會是低變異數的投資組合。你要把雞蛋放進不同的籃子裡，而且是很多不同的籃子裡。這也就是為什麼你把儲蓄投入一個巨大指數基金的原因，它可以把投資分配跨越整個經濟體。那些多用點數學頭腦的理財書，像是墨基爾（Burton Malkiel）的《漫步華爾街》就很喜歡這種策略；也許有點乏味，但是能有成果。倘若退休規劃很令人感到刺激的話……。

至少股票長期持有後，平均而言傾向於增值；換句話說，投資股票市場是有正期望值的舉動。對於有負期望值的賭博，計算方法就整個翻轉過來了；人會痛恨必然的損失，如同他們喜歡必然的勝利。所以你要追求較大而非較小的變異數。你不會看見有人大搖大擺走到輪盤賭台，然後在每個號碼上都放一個籌碼；那只是變相把籌碼都給莊家罷了。

這些跟「大贏錢」有什麼關係？我們開頭曾說過，10 萬張彩券的期望金錢價值就是那樣，不管你買哪些彩券都相同。但變異數

卻是另一件事。舉例來說，假設我決定參與數量大的賭局，然而我採取很不一樣策略：買 10 萬張同號的彩券。

如果樂透開獎後，彩券在 6 碼裡中了 4 碼，那我就是幸運持有 10 萬張中 4 碼的贏家，基本上我幾乎能把 140 萬元的獎金全數入袋，獲利達 600%。但是假如我投注的號碼沒中獎，那麼我會輸光 20 萬元。這是大變異數的賭法，有很大的機會輸大錢，很小的機會能贏回十分龐大的獎額。

所以，「不要把所有的錢投注到一個號碼」是很好的建言，勝過「廣泛分散選號」。然而賽爾比集團不就是用電腦的「快選」隨機挑號碼嗎？

同號機率高

不完全相同。首先，**賽爾比**雖然不是把所有錢都賭上單一號碼，但確實會買好幾張同樣號碼的彩券。剛開始看起來有點奇怪。在他們最活躍的時候，每期會買 30 萬張彩券，讓電腦從大約一千萬個號碼裡隨機選號。所以只在所有可能售出的彩券裡買走約 3%，那麼他買走同號彩券的機會是多少呢？

事實上，機會還滿大的。有一個老題目可以先參考：賭賭看集會時有沒有兩人生日相同。參加集會的人數要夠多，譬如說有三十位。從 365 個日子 * 裡挑出 30 個生日，好像比例不算高，所以你可能會認為，有兩個人生日落在同一天的機會不大。不過有關係的量並非人數，而是有多少對雙人組的數目。這裡不難算出總共有 435

---

* 如果是閏年的話就有 366 個日子，但是我們現在不必那麼精確。

對可能的雙人組[†]，每一對雙人組有 365 分之 1 的機會共享同一天生日。所以在三十人的集會上，你應該期望看到有兩人的生日相同，甚至兩對有相同生日的雙人組。事實上，三十人的集會上有兩人生日相同的機率稍微超過 70%，算是相當高。假如你從一千萬種不同選擇中，隨機買三十萬張彩券，會買到兩張同號的機會極接近 1，所以我寧可說「一定會」，而不想算出在 99.9% 之後還要再添多少個 9，會達到機率的精確值。

其實引來麻煩的還不只是號碼相同的彩券。跟以往一樣，如果我們把數目弄得小一點，畫出圖形，就比較容易用數學幫我們瞭解到底怎麼回事。我們假設樂透可用的號碼只有 7 個，州政府從中抽取 3 個做為頭獎的號碼。從 1, 2, 3, 4, 5, 6, 7 這組號碼裡，抽出 3 個號碼的方法共 35 種（數學家喜歡說「7 選 3 是 35」），所以頭獎號碼的可能性只有 35 種。現在按數值順序列表如下：

123	124	125	126	127
134	135	136	137	
145	146	147		
156	157			
167				
234	235	236	237	
245	246	247		

[†] 雙人組裡的第一人可以是 30 人裡的任何一位，第二人則是剩下的 29 人裡的任何一位，就給出 30 × 29 種選擇，不過這樣計算會把每個雙人組算兩次，因為 ［甲, 乙］與［乙, 甲］會各算一次，於是正確的答案就是 (30 × 29)/2 = 435。

256	257	
267		
345	346	347
356	357	
367		
456	457	
467		
567		

　　假設賽爾比去便利商店用「快選」隨機買了七張彩券，他能贏得頭獎的機會仍然非常小。不過這個樂透在 3 碼對中 2 碼時，也會得到一些獎金。（這種樂透結構有時稱為外西凡尼亞〔Transylvania〕樂透，不過我找不到任何證據證明，在羅馬尼亞外西凡尼亞的人或吸血鬼玩過這種樂透。）

　　3 碼對中 2 碼應該贏面很大，不過我不想一再重複的說「3 碼對中 2 碼」，所以就讓我們稱一張能得到這種獎項的彩券為「成雙」。舉例來說，假如抽出的頭獎號碼是 1, 4, 7。有四張彩券上的號碼除了 1 與 4 之外，還有一個不是 7 的號碼，這四張都是「成雙」。除了這四張之外，還有四張包含 1, 7，另有四張包含 4, 7。所以三十五張彩券裡有十二張，也就是三分之一多一點點是「成雙」。因此賽爾比的七張彩券裡很可能有一對「成雙」。更精確的說，你能算出賽爾比的狀況如下：

　　5.3% 的機會沒有「成雙」

19.3% 的機會恰有一張「成雙」

30.3% 的機會有兩張「成雙」

26.3% 的機會三張「成雙」

13.7% 的機會四張「成雙」

4.3% 的機會五張「成雙」

0.7% 的機會六張「成雙」

0.1% 的機會七張全是「成雙」

「成雙」數的期望值會是

$$5.3\% \times 0 + 19.3\% \times 1 + 30.3\% \times 2 + 26.3\% \times 3 + 13.7\% \times 4$$
$$+ 4.3\% \times 5 + 0.7\% \times 6 + 0.1\% \times 7 = 2.4$$

如果哈維來玩外西凡尼亞樂透，他不會用「快選」，他會自己一一填寫彩券來選號，他選出的號碼如下：

124

135

167

257

347

236

456

假設樂透開出的頭獎號碼是 1, 3, 7。那麼哈維持有三張「成雙」：135, 167, 347。假如頭獎是 3, 5, 6 會怎樣？哈維還是有三張「成雙」：135, 236, 456。你繼續試各種組合，很快就會發現哈維選的號碼有一種特性：要麼就是他贏得頭獎，不然他就會恰贏三張「成雙」。哈維的七張彩券中頭獎的機會是 7/35，也就是 20%。於是他有

20% 的機會沒有「成雙」

80% 的機會有三張「成雙」

所以他的「成雙」彩券數期望值是

20% × 0 ＋ 80% × 3 ＝ 2.4

算出來的期望值跟賽爾比的相同，也必然應該相同。但是變異數卻小得多；哈維能得到幾張「成雙」幾乎沒有任何不確定性，那使得哈維的組合更能吸引人參加投注集團。特別要注意：只要哈維沒得到三張「成雙」，就表示贏得了頭獎。意思是說，哈維的策略保證會有確定的最低進帳，這是採用「快選」的賽爾比無法辦到的。自己挑選號碼能排除風險，同時保證得到酬金——如果挑對號碼的話。

那麼該怎麼辦呢？這可是百萬美金的問題！

第一步，讓電腦幫你選號。哈維跟他的團隊是麻省理工的學生，有本事能在喝早餐咖啡前就敲出好幾十行的電腦程式。因此何

不寫一個程式把三十萬張「大贏錢」彩券的各種組合都跑遍，來看看誰能提供最小變異數的策略？

　　這種程式並不難寫。只有一個小問題，那就是你的程式才把想分析的數據處理了第一片微小的段落，整個宇宙裡的物質與能量都已經衰敗進入熱死狀況。從現代電腦的觀點來看，三十萬不算是什麼大數字。但是程式要做的事並非從三十萬張彩券裡挑選，而是要從一千萬「大贏錢」可能的彩券裡，挑出三十萬張彩券構成的集合。那類集合有多少種？絕對多於三十萬種。多於開天闢地以來存在過的次原子粒子的數目，而且多過很多。選擇三十萬張彩券的可能組合，恐怕是你從來沒有聽過的大數目。*

　　我們現在遭遇的可怕現象在電腦科學界稱為「組合爆發」。簡單來說：有一個非常簡單的操作可以把能處理的大數，變成絕對不可能處理的大數。假如你想知道在美國五十個州裡，哪一州最有利於你設立商號，那很容易，你只需要比較五十件不同的東西。但是假如你想知道的是，走什麼樣的路線可以最有效率的通過五十州，也就是所謂的「旅行推銷員問題」，這時組合爆發便會上場，使你面對的困難登上完全不同的層次。總共差不多有 30×10^{63} 條不同的路線可選。

　　轟！

　　所以，最好用別的法子來挑選彩券以壓低變異數。假如我告訴你，這就得靠平面幾何了，你信不信？

---

*除非你聽過 googolplex，那才是真的是個大數目。（譯注：1 googol = 10^{100}，10^{googol} = 1 googolplex）

火車鐵軌相交之處

平行線不會相交，那也就是平行的意義。

但是有時候平行線看起來像是要相交——試想，在一望無際的平原上有一條鐵道，當你的眼光跟著它愈來愈接近地平線，兩根鐵軌看起來是不是好像要會合在一起。（我覺得若你想使想像的畫面更為生動，播放一些鄉村音樂應該有幫助。）這種現象就叫做透視，當你想把三維的世界描繪到你的二維視野時，就會有這種現象發生。

最早弄清楚這到底是怎麼回事的人，是那些有需要理解東西本身與東西看起來的樣子，以及兩者之間差別的人，那就是畫家。在早期義大利文藝復興時期，畫家瞭解透視的那一刻，也就是視覺表現法徹底革新之時。歐洲繪畫不再像你家小孩在冰箱門上塗鴉的那一刻（如果你家小孩老是畫十字架上的耶穌的話），他們畫的看來確實像所要畫的東西。*

布魯內勒斯基（Filippo Brunelleschi）等義大利佛羅倫斯的藝術家，是怎樣發展出現代透視理論，已經在藝術史家中引起一大堆爭議，我們不想在這裡碰觸這個問題。我們確知的是這項突破的達成，結合了美學的關注與數學及光學的新觀念。重點就是瞭解我們看到的影像，是光線先投射到物體，然後再反射到我們眼中所產生的。現代人聽到這種說法也許覺得本當如此，但請相信我，在那個

---

* 或者說，看起來像想畫的東西的某種光學表徵，多年以來我們會認為這就是寫實；但是什麼才算「寫實」，自從有藝評家以來，這都是他們熱烈爭論的題材。

時候可是一點也不顯然。

　　許多古代科學家，包括最有名的柏拉圖，都認為視覺一定涉及某類從眼睛射出的火。這種觀點至少可回溯到克羅頓的阿克米翁（Alcmaeon of Croton），他是畢達哥拉斯學派的成員，我們在《數學教你不犯錯》上冊第 2 章提過這個學派。阿克米翁辯證道：你閉上眼睛後，用力壓眼球，會看到冒金星的光幻視。所以眼睛必定會生出光線，否則光幻視的來源從哪裡來？

　　十一世紀的開羅數學家哈真（Alhazen），最早詳細說明視覺從反射光產生的理論。他的光學論著《光學之書》（*Kitab al-Manazir*）有拉丁文譯本，哲學家與藝術家都熱切閱讀，希望能有系統瞭解視覺與所視物之間的關係。主要的論點如下：你畫布上的 P 點，代表三維空間裡的一條線。謝謝歐幾里得讓我們知道，對任意給定的兩點而言，都存在包含此兩點的唯一直線。在目前的情形裡，這條直線就是包含 P 以及你的眼睛的那條線。世界上任何物體只要落在那條線上，繪畫時都會畫在 P 點。

　　現在假想你自己是布魯內勒斯基，你站在平坦的草原上，面前有一個畫架，上面有一張畫布，而你正在畫鐵道。† 鐵道有兩根鐵軌，我們稱為 R_1 與 R_2。每一根鐵軌畫在畫布上看起來都是一條直線。正如畫布上的一點對應於空間裡一條直線，畫布上一條直線就對應於空間裡的一個平面。對應於 R_1 的平面 P_1，是由所有連接你的眼睛與鐵軌上每一個點的直線所張出來的。換句話說，它是包含你的眼睛與 R_1 的唯一平面。同理，對應於 R_2 的平面 P_2 是包含你

---

† 當然布魯內勒斯基的時代還沒有鐵道，但姑且先不論這點歷史不正確。

的眼睛與 R_2 的唯一平面。這兩個平面分別在畫布上刻劃出直線，我們稱這兩條直線為 L_1 與 L_2。

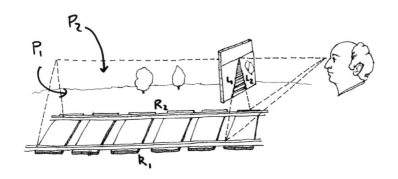

　　兩條鐵軌相互平行，但是這兩個平面並不平行。它們怎麼可能平行呢？它們都通過你的眼睛，兩個平行的平面是沒有任何交點的，但相互不平行的平面必相交於一直線。在目前的情形下，相交的直線是水平的，會通過你的眼睛，維持與兩根鐵軌平行前進。這條水平的直線不會碰到草原平面，它一直向地平線方向延伸，但是永不接觸地面。

　　不過，重點來了，這條線會與畫布相交於 V 點。既然 V 落在平面 R_1 上，那麼它必然也會落在 R_1 劃過畫布的直線 L_1 上。同時因為 V 也落在 R_2 上，它也必須落在 L_2 上。換句話說，畫布上畫的兩根鐵軌相交於 V 點。草原上任何一條直線路徑，如果與鐵軌平行，在畫布上看起來就是通過 V 點的直線。我們稱 V 為消失點（vanishing point），是所有平行於鐵軌的直線在畫布上都得通過的點。事實上，任何一對平行軌道都決定了畫布上的某個消失點，平

行軌道的方向決定了消失點的位置。（唯一的例外是平行於畫布的那一對對的線條，它們會像是鐵軌中間的枕木，在畫布上看起來仍相互平行。）

布魯內勒斯基在此製造出來的概念轉移，是數學家稱為射影幾何（projective geometry）的核心。我們不考慮風景裡的點，而是考慮通過眼睛的線，乍看之下，這種區別好像純粹只是語意差異；地面上的每一點決定了唯一一條通過我們的眼睛與那點的直線，那麼考慮點或考慮線有什麼差別？差別在這裡：通過我們眼睛的直線多過地面上的點，因為水平的直線也通過我們眼睛，但它們與地面並不相交。這些水平線對應於畫布上的消失點，也就是兩條鐵軌在畫布上相交之處。你可以想像這條線對應於軌道方向「無窮遙遠的」一點。事實上，數學家稱呼它們為無窮遠點。你在歐幾里得所知的平面黏上所有無窮遠點，就得到射影平面。圖示如下：

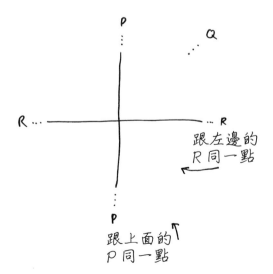

射影平面大部分看起來都跟你習慣的普通平面一樣，但是射影平面有更多的點，那些所謂的無窮遠點：平面上每條直線所能標示的方向，都有一個無窮遠點。你可以把圖中垂直方向的 P 點，想像成垂直向上到無窮遠高處，但同時也沿垂直線無窮往下降。在射影平面上，y 軸的兩端在無窮遠處相遇，使軸線的真面貌不該是直線，而應該是圓。同理，Q 點沿東北方（或沿西南方！）的無窮遠點，而 R 是水平軸線的末端，或該說在兩邊的末端點。如果你向右走無窮遠，直到抵達 R 點，此時如果你繼續向右前進，會發覺自己雖然在向右移動，但是卻在圖中左邊的軸線上移向中心點。

這種從一個方向離開，卻從另一個方向返回的現象，迷倒了年輕的邱吉爾，他記憶鮮明的講起此生中唯一一次頓悟數學的經驗：

我曾經有一次對數學有感覺，我看透了全貌：超過一般深奧的深奧披露於前，我看穿萬丈深淵。我所見的，猶如人們看到金星凌日或倫敦金融區市長節（Lord Mayor's Show），有一個量通過無窮大，由正轉負改變了符號。我確實看到它如何發生，以及為何這種翻轉是不可避免的：而且如何一步就影響到其他整體。這就像政治一樣，不過這是茶餘飯後的話題，我就不再追下去了！

事實上，R 這點不僅是水平軸的端點，它是任何水平線的端點。如果兩條相異的直線都是水平的，它們就會相互平行，在射影幾何裡它們會相交於無窮遠點。在 1996 年一場訪問裡，華萊士被問到《無限詼諧》的結局到底如何，因為很多人覺得停止得相當突

兀。記者問他避免寫結局是否因為「就是感覺疲憊不想寫了？」華萊士很不耐煩的回答：「就我所知是有結局的。某類的平行線應該會往一個方向開始收斂，讀者應能在正常的架構之外透視出『末端』。如果你沒有察覺這種收斂或透視，就表示你沒看懂這本書。」

射影幾何

射影平面有一項缺陷，就是它很難畫出來，但是它的優點在於能使幾何的規則更順暢。在歐幾里得的平面上，兩相異點決定一直線，兩相異直線決定唯一的交點，但條件是它們不能平行，否則它們根本不會相交。在數學裡，我們喜歡規則不喜歡例外。在射影平面上，除了兩線交於一點的規則外，沒有其他例外，因為平行線也要相交。例如：任兩條垂直線交於 P，任兩條由東北向西南走的直線交於 Q。兩點決定一直線，兩線交於一點，故事終結。*

射影幾何具有古典平面幾何所沒有的完全對稱與優美。射影幾何很自然從如何把三維空間的世界，畫到平面畫布的實際問題裡興起，這絕非巧合。數學的優美與實際的效用本是密切的伙伴，這可以從科學史的發展上一再看出來。有時候科學家發現理論，再讓數學家弄清楚為什麼優美，有時候數學家先發展出優美的理論，然後再由科學家弄清楚為什麼有用。

射影平面的用處之一，在於能繪出寫實的圖像。另外就是挑選樂透號碼。

----

* 如果包含 R 點的直線都是水平線，包含 P 點的直線都是垂直線，那麼通過 R 點與 P 點的直線是什麼？那是我們沒畫出來的無窮遠線，它包含所有的無窮遠點，卻不包含任何歐幾里得平面裡的點。

一個小型幾何

射影平面的幾何遵守兩條公設：

公設 1：每一對點都恰屬於一條共有的線。
公設 2：每一對線都恰包含一個共有的點。

一旦數學家找到一種幾何，能滿足上述兩條完美協調的公設，就很自然會問還有沒有更多例子？答案是有非常多。有些例子大，有些例子小。最小的一個稱為法諾平面，它的創造者是十九世紀末期的數學家法諾（Gino Fano），法諾是最早認真思考有限幾何的數學家之一。法諾平面看起來像下圖：

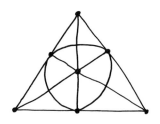

這是一個道地的小幾何，只包含七個點！這個幾何裡的「線」是上圖裡的各曲線；它們也很小，每條線只包含三個點。一共有七條線，六條看起來像直線，第七條看起來像圓。這個「幾何」看起來極為古怪，不像你中學教科書裡的幾何，卻跟布魯內勒斯基的平面一樣，會滿足公設 1 與 2。

法諾遵循一條令人欽佩的現代途徑，用哈地的話來說，他有

「寫好定義的習慣」，他迴避掉「幾何到底是什麼」這樣無法回答的問題，而問：哪些現象看似幾何？用法諾自己的話來說：

A base del nostro studio noi mettiamo una *varietà* qualsiasi di enti di qualunque natura; enti che chiameremo, per brevità, punti indipendentemente però, ben inteso, dalla loro stessa natura.

也就是說：

做為我們研究的基礎，我們預設任意性質物件的任意集合，為了方便起見，也把這些物件叫做點，其實名字跟它的本質並無關係。

法諾跟他的徒子徒孫認為，線是否「看起來像」直線或圓，或野鴨或任何什麼東西，都無關緊要。真正關鍵在於線能滿足由歐幾里得及後繼者設定的線的規律。假如它走起來像幾何，叫起來像幾何，那它就是幾何。有一種觀點認為這種做法造成了數學與真實世界的破裂，應該加以抵制。不過這種觀點過於保守。另外一種大膽的觀點，認為我們可以用幾何的思維方式，探討看起來不像歐幾里得空間的系統，*甚至理直氣壯的把這些系統也叫做「幾何」。這

---

* 公平的說，從某種意義上來看，法諾平面也可以跟傳統幾何更相像。笛卡兒教我們如何把平面的點看成坐標對 x 與 y，其中兩數均為實數。如果你使用笛卡兒的建構法，但從異於實數的系統拿數字來當坐標，你就得到別的幾何。如果你由電腦科學家喜愛的布爾代數系統，也就是只有 0 與 1 兩個位元的數系出發，去做笛卡兒的建構，你就得到法諾平面。那會是美麗的理論，但不是我們現在要講的故事。請由書末注釋得知進一步訊息。

種觀點在理解我們居住的相對論時空幾何居關鍵地位，而今我們又用廣義的幾何觀念去描繪網路世界的地圖景觀，那就距離歐幾里得能辨認的幾何更為遙遠了。這是數學光榮的一頁，我們發展一套理念，一旦它們是正確的，即使應用到非常遠離原來組建起這些概念的脈絡，它們還是正確的。

例如：下圖還是法諾平面，但是各點已經標上 1 到 7 的數目：

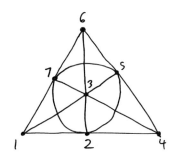

是不是有點眼熟？如果我們把七條線列出來，記錄下組成每條線的三個點，我們得到：

124

135

167

257

347

236

456

這就是我們之前看過的七張彩券的組合，任何兩個數都恰在七張彩券中出現一次，因此保證至少有最低的中獎結果。這個特性看起來驚人而又神祕。怎麼有人能想出這麼一組完美搭配的彩券？

現在我把盒子打開，披露了技法的真相：簡單的幾何。每一對數字恰出現在一張彩券，因為每一對點恰屬於一條線。這還是歐幾里得，雖然我們說的點與線並非歐幾里得所知的點與線。

衛星接收數位訊號

法諾平面教你如何玩七個數字的外西凡尼亞樂透，而不必冒任何風險，但是麻州的樂透又該如何？包含超過七個點的有限幾何不勝枚舉，不幸的是沒有一個剛好滿足「大贏錢」的條件。我們需要更一般化的東西。這次答案不會直接由文藝復興時期的繪畫或歐幾里得的幾何而來，而是從另一個出乎意料的領域——數位訊號處理的理論。

假設我想傳送一則重要訊息給人造衛星，例如「啟動右側助推器」。衛星不會人語，所以我真正送上去的是一串 0 與 1，也就是電腦科學家稱為位元（bit）的東西：

1110101……

這串訊息看起來明確清晰。但在真實生活裡，通訊管道會有雜訊。人造衛星要接收你傳來的訊號時，也許剛好有宇宙射線擊中它，使得一個位元出錯，於是衛星接收到的訊號就變成了：

1010101……

這串訊號看起來沒多大差別，但是一位元的改變，如果使指令從「右側助推器」變成「左側助推器」，那麼衛星就可能發生嚴重的問題。

人造衛星成本昂貴，你絕對希望能避免這種錯誤發生。假如在喧鬧的聚會場合，你想告訴朋友一句話，很可能你要重複講那句話，以防止噪音把你的話淹沒。同樣的方法對人造衛星也管用，我們把原來訊號裡的每一位元重複一次，傳送 00 以取代 0，傳送 11 以取代 1：

11 11 11 00 11 00 11……

現在，如果宇宙射線打到訊號的第二個位元，衛星看到的是

10 11 11 00 11 00 11……

衛星知道每兩個位元的片段不是 00 就是 11，所以開頭的 10 就是舉起了紅旗，一定有什麼東西出錯了。哪裡出錯了呢？衛星卻很難弄清楚，因為它不知道雜訊在哪裡搞亂了真訊號，不能確定開頭究竟是 00 還是 11。

這個問題好解決，我們讓重複從兩次升為三次：

111 111 111 000 111 000 111……

有錯誤的訊號就變成：

101　111　111　000　111　000　111……

這樣衛星就有辦法對付了。衛星知道開頭三個位元的片段，應該是 000 或 111，所以出現了 101，就表示不對勁。但是假如原來的訊號是 000，必須要有兩個非常接近的位元遭破壞。如果會影響訊號的宇宙射線很微弱，這種事發生的機率就極低。於是衛星有很好的理由使用多數決：如果三個位元裡有兩個是 1，那麼原始訊號為 111 的機會就非常高。

錯誤更正碼

剛剛你看過的例子其實就是一種錯誤更正碼（error-correcting code），這是一種通訊協定，能幫助接收者在有雜訊干擾的狀況下消除錯誤。* 這個概念就跟其他訊息理論裡的東西一樣，基本上是來自夏濃（Claude Shannon）在 1948 年發表的著名論文《通訊的數學理論》（*A Mathematical Theory of Communication*）。

通訊的數學理論！聽起來不覺得有點虛張聲勢嗎？溝通不就是人類的基本活動？那是不能化約到冰冷數字與公式的。

請理解我的立場：面對一些宣稱如此這般的東西，可以用數學方法解釋、或馴服、或完全瞭解時，我不僅支持甚至還強烈建議應該保有清明的懷疑態度。

---

* 每一個信號都會有雜訊，只是程度大小不同。

　　然而數學史是一部積極拓展疆域的歷史，數學技術變得更寬廣與豐富時，數學家就會找途徑，對付以前認為不在他們專業範圍內的問題。「機率的數學理論」現在聽起來有點平淡無奇，但是曾經讓人聽起來十分言過其實，因為從前人們認為數學只討論確定的事以及真理，不會討論由機運決定的事，以及或許可能的道理！當巴斯卡、白努利，以及其他人找到掌控機會運作的數學規律後，一切都改變了。* 無窮的數學理論又如何呢？在十九世紀康托（Georg Cantor）提出他的理論之前，研究無窮是屬於宗教而非科學的範圍。如今我們瞭解在康托的多重無窮理論裡，一重無窮之後還有更大的無窮，這甚至好到可以教給大學一年級數學系的學生。（坦白來說，他們會感覺非常震驚。）

　　這些數學理論並沒有捕捉到它們所描述現象的每一個細節，本來也不想這麼做。譬如說有些關於隨機性的問題，機率論是保持無言的。對於某些人來說，數學碰不上邊的問題才是最有趣的問題。但是今日如果你心中完全沒有機率論，卻想仔細考慮涉及機會的問題，那會是一種錯誤。如果你不相信我，你可以問哈維，或者更好的詢問對象是那些錢讓哈維賺走的人。

　　會不會有數學理論是有意識的、或社會的、或美學的呢？一定會有人去嘗試找出來，不過到目前為止成效不彰。網路上宣稱已建立此類理論的說法，你都不必太相信。但是你也要心胸開放，說不定真給他們搞對了某些重要的東西。

---

* 哈金（Ian Hackings）的書《機率的顯現》（*The Emergence of Probability*）把這段故事講得非常精彩。

剛開始錯誤更正碼看起來也不像具革命性的數學。倘若你在吵雜的集會上，把要講的話再次重複，問題就解決了！但是簡單重複的方法有代價，如果你把訊息的每個位元重複三次，你的訊息就需要三倍時間來傳送。在集會時也許不構成問題，但是如果你要人造衛星就在這一秒鐘啟動右側助推器，那就會產生問題。夏濃在建立通訊理論的論文裡，找出了最基本的權衡之道，直至今日工程師還在為此事掙扎奮鬥：你愈希望信號能抵擋雜訊，信號的傳送就會愈緩慢。在一定時間內，你的通道能可靠傳送的訊息長度，會受制於雜訊的存在。這個限制就是夏濃所謂的通道的容量（capacity），正如水管只能流過這麼多的水，一個通道也只能處理這麼多訊息。

還好，我們並不需要用前面說的「重複三次」那種通訊協定，所以要改正錯誤並不必把通道弄慢三倍。你能做得更好，夏濃很清楚這一點，因為他在貝爾實驗室的同事漢明（Richard Hamming）已經找出解決辦法。

漢明碼改變通訊工程

年輕的漢明曾經參加過曼哈頓計畫，他只有很低的權限能使用貝爾實驗室那十噸重、以機械式繼電器為主零件的電腦「Ｖ模型」，他獲得允許在週末跑自己的程式。問題是一旦有任何機械故障，他的程式就會停頓，而且到星期一之前沒人可以重新啟動機器。這很令人惱火，不過我們知道，惱火也是推動技術進步的巨大動力。漢明想，如果機器能夠改正自己的錯誤然後繼續運作，豈不更好？於是他發展出一套方案。輸入「Ｖ模型」的東西可以想像是一串 0 與 1，正如傳給人造衛星的訊息。數學是不會管那些訊息是

數位流裡的位元還是電子繼電器，或紙帶上的孔洞（有一段時間，那是最先進的數據介面）。

　　漢明的第一步是把訊息切成三個符號一組的區塊：

111　010　101……

　　漢明碼＊是把每一區塊轉換成一個七位元符號串的規則。下面是編碼對照表：

000　→　0000000
001　→　0010111
010　→　0101011
011　→　0111100
101　→　1011010
110　→　1100110
100　→　1001101
111　→　1110001

　　所以訊息編碼後會是

1110001　0101011　1011010……

＊對於講究技術細節的讀者，我必須聲明此處描述的其實是一般漢明碼的對偶；本
　例屬於打孔的阿達瑪碼（Hadamard code）。

　　每七個位元構成的區塊稱為碼字（code word）。整個編碼系統僅允許那八個碼字構成的區塊，如果接收者從線路上看到任何其他東西，就表示一定有什麼出錯了。譬如說，你收到 1010001。因為 1010001 不是一個碼字，你就知道這不是正確訊號。此外，你收到的訊號只跟碼字 1110001 在一個位置上不同，而且沒有其他碼字更接近你實際看到的搞亂後訊號。所以你可以很安全的猜想，對方原來想要送的訊號是 1110001，也就是說原始訊息裡的三位元區塊是 111。

　　你也許會認為我們只是運氣好。假如傳來的神祕訊息跟兩個碼字相近，那該怎麼辦？那我們就不能做出有信心的裁決。不過這種狀況不會發生，理由如下，再看看法諾平面的線：

124

135

167

257

347

236

456

　　你如何向電腦描述這個幾何？電腦喜歡人家跟它講 0 與 1，所以要把每條線寫成一串 0 與 1：如果「點 n 在線上」則在第 n 個位置寫 0；如果「點 n 不在線上」則在第 n 個位置寫 1。於是第一條線 124 就對應於

0010111

第二條線 135 對應於

0101011

　　你會注意到兩條符號串都是漢明碼的碼字。事實上，漢明碼裡非零的七個碼字，剛好與法諾平面的七條線對應起來。漢明碼與法諾平面（以及外西凡尼亞樂透的最佳彩券組合）都是同一個數學人物，只是穿了不同外衣！

　　這就是漢明碼的祕密幾何。一個碼字就是法諾平面裡三個點的集合，而這三個點可以形成一條線。如果碼字裡某個位置是 0 就換成 1、是 1 就換成 0，只要碼字不是 0000000，這種**翻轉**的意思其實就是增加一個點或減少一個點。於是你接收到的搞亂訊息，就會對應於一個有兩點或有四點的集合。* 如果你收到的是包含兩個點的集合，那麼你就知道如何補上漏掉的第三點。你收到的兩點會在法諾平面上決定一條唯一的線，而漏掉的點就是那條線上的第三點。如果你收到的是一個構成了「一線加一點」的四點集合時，那該怎麼辦？你可以推論出正確的訊息就是集合裡連成線的三點。

　　這裡有一個精妙的問題：你怎麼知道僅有一種方法挑出成線的三點？為了幫助思考，我們把四點命名為 A, B, C, D。假如 A, B, C

---

* 如果原來的碼字是 0000000，而搞亂一個位置的訊號有六個 0，和單一個 1，那麼接收者就可以很有信心的裁決，原來的訊息是 0000000。

落在同一條線上，則 A, B, C 必然是跟你通訊的人想傳送的訊息。但是假如 A, C, D 也同落在一條線上，會怎麼樣？你無需擔憂，因為這個情形根本不會發生，否則包含 A, B, C 的線與包含 A, C, D 的線就會有兩個共用的點 A 與 C。然而根據規則，任兩條線只能交於一點。†

換句話說，還好有幾何的公設，漢明碼跟「重複三次」有同樣的錯誤更正魔力。在傳送的過程中，如果訊號裡有一個位元改變了，接收者總是可以知道發訊者本來想送什麼。然而現在不需把傳送時間延長三倍，新的改良碼只需把訊息裡每三個位元變成七個位元，所以比例改成較為有效率的 2.33。

透過漢明的發明加上後人持續的改進，錯誤更正碼已經改變了整個通訊工程。建造多重防止並檢查錯誤的機器已經不再是目標，因為有漢明與夏濃的貢獻，只需使錯誤盡量少發生，錯誤更正碼的彈性就足夠抵抗雜訊的影響。

現在，任何需要快速、可靠傳送資料的地方，就會找到錯誤更正碼的存在。環繞火星的水手 9 號把火星表面的照片送回地球時，使用了稱為阿達瑪碼的錯誤更正碼。光碟則使用稱為李德─所羅門碼（Reed-Solomon code）的錯誤更正碼，即使你刮傷光碟表面，聲音仍然完好。（1990 年以後出生的讀者可能不熟悉光碟，可想成快閃隨身碟用的是 BHC 碼〔Bose-Chaudhuri-Hocguenghem code〕之類

---

† 如果你從來沒想過這種事，你也許會覺得目前的論證有點難懂。困難的理由是，光坐在那兒閱讀沒辦法把論證送進腦袋，你必須拿出筆來，試試看寫出四個點的集合，而該集合會包含法諾平面裡兩條相異的線。你沒辦法做到時，試著瞭解為什麼做不到。要讀進腦袋裡並無他法。我鼓勵你乾脆直接寫在書上，只要書不是從圖書館裡借出來的，或書不是電腦螢幕上顯示的。

的碼,可以避免資料惡化。)

應用範圍廣泛

你的銀行交換號使用的編碼系統,是簡單的核對和(checksum)系統。它不算是錯誤更正碼,而是錯誤檢測碼(error-detecting code),就像「重複兩次」那種約定。如果你弄錯一位數,執行轉帳的電腦雖然沒能力猜出正確號碼,但至少知道有錯誤發生,因此能避免把你的錢送到錯的銀行。

不清楚漢明自己有沒有意識到,他的新發明可應用的範圍有多大,然而他在貝爾實驗室的老闆確實有些想法,漢明想發表論文時:

專利部門說,在確實取得專利之前不准我發表⋯⋯我才不相信一堆數學公式能獲得專利,我跟他們說不可能取得專利,他們回我:「看我們的!」結果他們是對的。從那之後,我就知道對於專利法我是一竅不通,因為一般認為不可能得到專利的東西,氣死人的是居然都能取得專利。

數學比專利局跑得快:瑞士數學家也是物理學家格雷(Marcel Golay)從夏濃那裡得知漢明的概念之後,自己發展出許多新的碼,卻不知漢明站在專利的帷幕之後,也發展出多個相同的碼。格雷首先發表了論文,使得直到今日對於這些碼是誰先發現的還有爭論。至於專利方面,1956年貝爾實驗室在一項反壟斷官司的和解中,喪失了從專利收費的權利。

　　到底什麼原因使得漢明碼有效？想要瞭解此事，你必須逆向思考，去問：「什麼能使它不發生效用。」

　　切記，錯誤更正碼的眼中釘是一段位元，這段位元會跟兩個不同的碼字相近。收訊者遇到這種位元串就會慌了手腳，缺乏良好的方法判定原來正確的訊號是什麼。

　　聽起來我們好像在用比喻法：0 與 1 的符號串是沒有位置的，我們說一串「接近」另一串，到底是什麼意思？漢明有一項在概念上的重大貢獻，是他堅持相近不僅是比喻，還確實可以賦予具體意義。他引入一種現在稱為漢明距離的概念，就像歐幾里得與畢達哥拉斯所理解的平面幾何上的距離，漢明距離是新的通訊數學所合用的距離。漢明的定義很簡單：兩個區塊的距離是把一個區塊變換成另一個區塊所需改變的位元數目。所以碼字 0010111 與 0101011 的距離是 4，因為你必須把第二、三、四、五個位元改變，才能從前一個碼字變換成後一個碼字。

　　漢明的八個碼字構成一個良好的碼，是因為任何七個位元的區塊，不會跟兩個相異碼字的漢明距離為 1，否則那兩個碼字彼此的漢明距離為 2，*但是你可以檢驗出，並沒有任何兩個碼字只在兩個位置相異，事實上任兩個碼字的漢明距離至少為 4。你可以想像碼字好似盒子裡的電子或電梯裡不愛社交的人，在局限的空間裡聚集，彼此保持距離，而且盡可能互相遠離。

　　任何禁得起雜訊干擾的通訊系統，都基於同樣原理。自然語言也根據同樣原理運作：假如我把 language 寫成 lanvuage，你會知

---

* 對專家要說明，漢明距離滿足三角不等式。

道我原本想寫的是什麼，因為英語裡沒有其他字跟 lanvuage 只差一個字母。但比較短的字，例如：dog, cog, bog, log 這些英語裡常見的字，上述的道理就不管用了。如果雜訊把第一個音節搞砸了，就沒辦法知道原來想說的是哪一個了。不過在這個例子裡，你可以用那些字的語意距離來幫你校正錯誤。如果會咬你的恐怕就是 dog（狗），如果你會從上面摔下來的恐怕就是 log（圓木），以此類推。

人造語言的缺失

　　你有可能把語言處理得更有效率，然而一旦動手做，就會撞上夏濃發現的硬邦邦的利弊互償現象。不少書呆子或醉心於數學的人，*都曾耗費心血想去創造語言，希望能更簡練與精確的傳遞訊息，排除像英語喜好的冗詞、同義詞、曖昧詞。1906 年佛斯特（Edward Powell Foster）牧師發明了一種人造語言羅歐語（Ro），佛斯特想把繁雜的英語詞彙改良成新語彙，使每個字的意義能從發音的邏輯推論出來。羅歐語的粉絲裡有杜威（Melvil Dewey）也許並不出人意料之外，他的杜威十進分類法也讓公共圖書館架上的書有類似的嚴格組織。羅歐語確實非常精簡，很多英語裡的長字在羅歐語裡會變短，例如 ingredient（原料）會變成 cegab。但是達成精簡的目的是要付出代價的，原來英語內建的改錯能力就會喪失。

　　在狹隘的電梯裡，一旦人多了就不會有太大的個人空間。也就是說在羅歐語裡，每個字都會跟不少字相接近，造成了混淆的機會。在羅歐語裡「顏色」是 bofab，然而你改一個字母成為 bogab，

---

* 兩類人物並不全然相同！

意思就變為「聲音」。bokab 意思是「電流」，而 bolab 的意思是「味道」。更糟糕的是，羅歐語的邏輯結構使發音相近的字也有相近的意義，因此無法從講話的脈絡中分辨出到底在說什麼。例如：bofoc, bofof, bofog, bofol 的意思分別是「紅色」、「黃色」、「綠色」、「藍色」。讓相近的概念用相近的聲音表達，也許有特定的道理，但是在擁擠的集會場合裡，要用羅歐語談論顏色就會非常困難。「抱歉，剛才你是說 bofoc 還是 bofog ？」†

　　另外有些現代的人造語言，卻剛好反其道而行，明確援用漢明與夏濃闡述的原理。當代最成功的例子是邏輯語（Lojban），‡它有嚴格的規則，防止任何兩字根的發音太近似。

　　漢明的「距離」概念遵循法諾的哲學，只要一個量表現得像距離，就有稱為距離的權利。但是為何要在此停止？在歐幾里得幾何裡，與給定的中心點距離小於或等於 1 的點集合，叫做圓；如果是在高維空間，則叫做球。§於是我們有理由說與某碼字的漢明距離最多為 1 ¶的符號串構成「漢明球」，而該碼字就是球心。如果我們認真的使用類似幾何的講法，那麼一組碼要成為錯誤更正碼，就必須沒有任何點與兩個相異碼字距離在 1 之內。換句話說，以兩碼字為中心的兩個漢明球，不能有公共的點。

---

† bebop 在羅歐語裡的意思是「有彈性的」，我喜歡把這件事當做爵士樂秘密歷史裡未發現的一節，當然最可能就是一樁巧合。編注：咆勃（bebop）爵士樂是爵士樂由通俗音樂邁向藝術形式的重要里程碑。

‡ 根據 lojban.org 網頁裡的 FAQ 所說，能夠用 Lojban 流利交談的人數「比一隻手的手指頭還多」，在這一行裡確實相當不錯。

§ 更精確的講，球面是與中心距離恰為 1 的點構成的集合；此處描述的集合是把球內部也填滿，通常稱為球體。

¶ 也就是說距離為 0 或 1，因為漢明距離不像一般幾何裡的距離，它必須取整數值。

於是建構錯誤更正碼的問題與一個古典幾何問題的結構相同，那就是球體裝填問題：如何把一堆同樣大小的球體，盡可能緊密的放入一個小空間裡，並且兩個球體不交疊？更簡單的說，盒子裡能塞進幾顆柳橙？

刻卜勒的猜想

球體裝填問題比錯誤更正碼老得多，可以回溯到天文學家刻卜勒（Johannes Kepler）在 1611 年寫的小冊子《六角的雪花》（*Strena Seu De Nive Sexangula*）。雖然書名很特殊，但刻卜勒在書中思考的是自然形式起源的一般性問題。為什麼雪花以及蜜蜂窩都是六邊形，而蘋果經常是有五個子房室？與我們目前最相關的問題是，為什麼石榴的種子通常具有 12 個平面？

下面是刻卜勒的解釋。石榴想盡可能在果皮內多裝一些種子；換句話說，就是要解決球體裝填問題。假如我們相信大自然會做出最佳的結果，那麼這些種子應該就會按照最緊密的方式裝填。刻卜勒論證最緊密的裝填應該如下：先把一層種子平鋪開，並且按照規則的模式排列：

下一層會跟這一層長得一樣，不過每顆種子很巧妙的坐在下一

層種子形成的三角形凹巢裡，然後以同樣方法把種子一層一層加上去。不過此處需要稍微小心：每層只有一半的凹巢能支撐次一層的種子，因此在每一階段裡你要選擇去填滿哪一半的凹巢。最常用的選法稱為面心立方晶格，它有一項良好的性質，就是每一層的球剛好擺在底下第三層球的正上方。根據刻卜勒的說法，球不會有更緊密的方法可以裝填在空間裡。在面心立方晶格裝填法，每個球恰好與 12 個其他球密接。刻卜勒又推論，當石榴子繼續成長，每一顆種子會擠壓到它的 12 個鄰居，接觸點的附近會因此壓平，成為刻卜勒觀察到的 12 面體形狀。

　　刻卜勒對石榴子的解釋是否正確，我毫無概念，*但是他宣稱面心立方晶格是最緊密的球體裝填，幾世紀以來都是數學極感興趣的課題。刻卜勒並沒有提出任何證明，看起來面心立方晶格對他而言是不可能被打敗的。世世代代依照面心立方晶格擺柳橙的雜貨店老闆會同意刻卜勒的推斷，不過他們才不會管這種方法是不是絕對的最佳法。但是數學家是要求嚴格的族群，必須追求絕對的確認。一旦你進入純數學領域，就不會局限在討論圓與球，你會超越圓與球走到更高維空間，去討論裝填 3 維以上空間裡的超球面。

　　就像射影平面的幾何曾經發揮過的功能那樣，高維空間裡球體裝填的幾何問題，會不會帶給錯誤更正碼新洞識？在這個例子裡，知識流通卻多數是反向的，†從編碼理論得到的見解，反而促進了

---

* 另外，我們確實知道鋁、銅、金、銥、鉛、鎳、鉑、銀在固態時，原子按面心立方晶格排列。這又是一例，數學理論的應用超出原創者所能想像。
† 然而在訊號是以實數而非 0 與 1 符號串來模擬的場合，球體裝填正好可以幫助設計良好的錯誤更正碼。

球體裝填的進步。利奇（John Leech）在 1960 年代曾使用一種格雷碼構造出 24 維空間裡，一個讓人驚豔的緊密球體裝填，它的構形現在稱為利奇格子。利奇格子是一個擁擠的地方，每一個 24 維的球會碰到它的 196,560 個鄰居。但我們還是不知道它是否為 24 維裡最緊密的球體裝填，不過科恩（Henry Cohn）* 與庫馬（Abhinav Kumar）在 2003 年曾證明，如果真的存在更緊密的裝填，它勝過利奇格子的倍數不會超過

1.0000000000000000000000000000000165

換句話說，已經夠接近了。

你可以心安理得的不管 24 維空間裡的球，以及它們如何平順的擠在一起。但值得注意的是：任何像利奇格子這麼難解的數學物件，必然會是重要的。結果利奇格子擁有非常多難以想像的對稱性。群論大師康威（John Conway）在 1968 年知道利奇格子之後，在連續 12 個小時內，於一卷長紙捲上計算出它的所有對稱。這些對稱居然構成有限對稱群論最後一片重要元件，那是代數學家在二十世紀裡長期追求的東西。†

---

* 科恩任職於微軟研究所，那是像貝爾實驗室般由高科技支持的純數學研究機構，希望數學與高科技雙方都能獲得好處。
† 這是太長又太曲折的故事，我們無法在此細述，請參見羅南（Mark Ronan）的書《對稱與妖怪》（*Symmetry and the Monster*）。

就讓電腦做粗活吧

　　至於老朋友 3 維空間的柳橙呢，刻卜勒還是講對了，他的裝填法確實是最佳法，然而過了近四百年才終於找到證明。1998 年，當時在密西根大學任教的黑爾斯（Thomas Hales）首先做出證明，他先用難度高而精緻的論證，把問題化約到只需分析幾千顆球的構形，再利用大量電腦計算一一加以處理。難度高而精緻的論證部分不會造成數學界的困擾，我們很習慣對付這種情形，所以黑爾斯這部分工作很快就經判決是正確的。但是另外大量電腦計算的部分卻有些惱人，證明能夠檢查到最仔細的步驟，但是電腦程式卻完全是另外一種類型的東西。原則上，人可以檢查每一行程式碼，但是就算檢查完了，你怎麼能保證程式碼跑起來會正確？

　　數學家已經普遍接受黑爾斯的證明是正確的，然而一開始大家對這個證明需要靠電腦，展現出的不安似乎讓黑爾斯感到震驚。在刻卜勒猜想解決後，黑爾斯從幫助他成名的幾何移開，轉向形式檢驗證明的研究計畫。黑爾斯預想並且採取行動，創作出一種跟我們現在所知的數學看起來相當不同的未來數學。以他的觀點來看，數學證明不管是由電腦協助而得，或人工用鉛筆算出來的，都已經變得非常複雜以及相互依存，使得我們不再對它們的正確性有合理的完全信心。康威分析利奇格子曾經是有限群分類裡的關鍵部分，目前分類工作已經完畢，階段性成果分散在上百位作者的數百篇論文裡，總計達一萬頁之多。沒有任何活著的人敢說完全理解全體的細節。那麼我們如何敢保證它們確實是正確的呢？

　　黑爾斯認為我們別無他法，只能重頭開始，把這一整套龐大的

數學知識，重新建立在可以用電腦來檢驗的形式系統之內。假如檢驗形式證明的電腦程式碼本身是可檢驗的（黑爾斯有說服力的論證此事可辦到），則我們就能永久免除黑爾斯忍受過的，證明到底有沒有得到證明的爭議。做到了這一步，又該往哪裡去？下一步可能就會由電腦自己建構證明，甚至在沒有人涉入的狀況下產生概念。

假如這真的發生了，數學是不是就完結了？當然，如果機器掌控一切，又在所有心靈的向度都超越人類，就像某些最誇張的未來家預言的那樣，把我們當做奴隸、牲畜、或玩具，唉！雖然數學完結了，其他所有的事也都完結了。只要還沒達到那種程度，我想數學應該還是會活下去。不管怎樣，數學已經由電腦輔佐幾十年了。許多從前還當做「研究」的計算工作，現在已經被認為原創性比不上把一堆十位數相加，也不值得讚揚。只要你的筆記型電腦能做的事，就不算是數學了。不過這樣並沒使數學家都失業，我們總能跑在持續擴張的電腦宰制圈之前，好似動作片裡的英雄跑給火球追一樣。

假如未來的機器智能把我們現在所謂「研究」的工作都取代了，那又該怎麼辦？我們就把那些研究重新歸類為「計算」，然後我們這些志同道合的人類，利用新空出來的時間做的事，我們就把它叫做「數學」。

漢明碼雖然好，但我們希望做得更好。無論如何漢明碼仍然有些浪費：甚至在使用打孔紙帶與機械繼電器的年代，電腦的可靠度都幾乎能夠保證，七位元的區塊傳過來不出差錯。漢明碼看起來有些太保守，我們應該可以少加一點保障不出錯的位元，且還可以達到同樣效果。夏濃有名的定理證明，我們確實能這麼做。例如：錯

誤率是每一千個位元才有一個出錯，夏濃告訴你，某種碼可使訊息比未編碼前只加長 1.2%。更好的是，如果讓基本區塊的長度逐漸增加，不管要求多麼嚴格，你都可以找出達到速度並且滿足任何可靠度要求的碼。

　　夏濃如何構造這些絕佳的碼呢？嗯，真相是他沒有。當你碰到像漢明碼那種精緻的構造法時，你會很自然的認為錯誤更正碼是一種非常特殊的東西，需加以設計、加工、調整、再調整，直到每一對碼字都精巧的推開，又不會把別對碼字擠到一起去。夏濃的天才在於他看出來這種想法是完全錯誤的。錯誤更正碼其實是特殊的對立面。一旦夏濃理解他該去證明什麼，實際的步驟就不算太難。他所證明的是，幾乎所有碼字構成的集合都會展現改錯的性質；換句話說，一個毫無設計的完全隨機碼，極可能就是一個錯誤更正碼。

　　這是個令人意想不到的結果，就好比你要建造一艘氣墊船，你會把一堆引擎零件以及橡皮管線隨意丟在地上，然後冀望最終結果能飛得起來嗎？

　　漢明於 1986 年，也就是夏濃證明發表後 40 年，仍對此印象深刻：

　　夏濃是極有勇氣的人。你看看他的主要定理，他想要創造一種編碼的方式，但是不知道該怎麼去做，所以他弄出一個隨機碼後就卡住了。於是他問了一個不可能的問題：「平均的隨機碼能做什麼？」然後他證明平均碼能夠任意的好，因此必然至少有一個足夠好的碼。除非是一位有無窮勇氣的人，誰敢有那種方式的思維？偉大科學家的特徵就是他們有勇氣，他們會在不可思議的情況下繼續

前進，他們思考，不斷的思考。

　　假如隨機碼非常可能是錯誤更正碼，那漢明的價值又何在呢？為什麼不完全隨機選擇碼字呢？反正你會安穩的知道，夏濃定理很可能讓你的碼字能夠改錯。這個方案有一個問題，碼在原則上可以改錯還不足夠，必須實用上可以改錯。假如夏濃的碼使用 50 位元的區塊，那麼可能的碼字就是長度為 50 的 0 與 1 符號串總體，數目達 2 的 50 次方，會超過一千兆之多。這是非常大的數字。你的太空船接收到一個訊號，那應該是這一千兆個可能碼字之一，或者至少接近其一。但是到底是哪一個？假如你得逐一檢查一千兆個碼字，你就遇到大麻煩了。那就是再次的組合爆發現象，在目前的脈絡裡，我們迫使要接受另外一種取捨結果。像漢明碼這種擁有許多結構的碼，比較容易去解碼。但是這類非常特殊的碼，通常無法像夏濃研究的完全隨機碼那麼有效率！在過去的幾十年間，數學家嘗試跨越在結構與隨機之間的概念邊界，努力創造足夠隨機，使得速度快，又足夠有結構，使得解碼容易的各類碼。

樂透包牌的組合

　　對於外西凡尼亞樂透而言，漢明碼非常好用，但是對於「大贏錢」就沒什麼效用。外西凡尼亞樂透只有 7 個數字可選，麻州卻給你 46 個數字去選。我們需要更大的編碼系統。我所能找到，可達成當下目標的最佳碼，是 1976 年由萊斯特（Leicester）大學丹尼斯頓（R. H. F. Denniston）發現的碼，它漂亮極了。

　　從 48 個數字裡，每次挑出 6 個數字，丹尼斯頓列出 285,384

個這種組合。列表的開始是

　1　2　48　3　4　8
　2　3　48　4　5　9
　1　2　48　3　6　32 ......

　　頭兩張彩券共用 4 個號碼：2, 3, 4, 48。然而丹尼斯頓系統的妙
處在於，你永遠不會在 285,384 張裡找到 2 張彩券共用五個號碼。
你可以把丹尼斯頓的系統轉化成碼，類似我們對法諾平面所做的
事：把每張彩券改換成一串 48 個 0 或 1 的符號串，用 0 取代在你
彩券上出現的號碼，用 1 取代不在你彩券上出現的號碼。於是上面
第一張彩券翻譯成碼字便成為

000011101111111111111111111111111111111111111111110

　　你自己來檢查看看下面這個事實：任兩張彩券不會在六個數字
裡有五個相同，類似漢明碼一樣，意思是說這個碼裡，任兩個碼字
之間的漢明距離不會小於 4。*

　　另外一種說法是每種五個數字的組合，最多會出現在一張丹尼
斯頓的彩券。它還可以更好：事實上每種五個數字的組合，恰如出

---

* 當夏濃已經證明完全隨機碼就足夠好了，還製作別的碼有何意義？雖說如此，然
　而夏濃定理的最強敘述法需要碼字可以任意的長。在目前的情形裡，碼字的長度
　已經固定在 48，你可以多用點心思來打敗隨機碼，這也就是丹尼斯頓所作的事。

現在一張彩券上。*

　　你可以想像，選擇丹尼斯頓列表上的彩券相當花功夫。丹尼斯頓在論文裡還給出用 ALGOL 語言寫的電腦程式，它可以用來檢驗列出的表確實具有他所宣稱的巧妙性質，在 1970 年代這種做法相當先進。不過他堅持電腦在此扮演的只是幫助理解的角色，仍然臣服於他：「我願意清楚聲明，此處所公布的所有結果都是在不使用電腦的情況下得到的，我只是建議可以使用電腦來檢查結果是否正確。」

　　「大贏錢」只用到 46 個號碼，所以依照丹尼斯頓方式去玩，你必須稍微破壞一些對稱性，將丹尼斯頓系統裡包含 47 或 48 的彩券拋棄。如此做仍然會給你 217,833 張彩券。假設你從床墊底下挖出美金 435,666 元，並且決定去投注，會發生什麼事呢？

　　樂透開出六個號碼，譬如說 4, 7, 10, 11, 34, 46。假如在非常稀有的可能性下，這六個號碼真的跟你的彩券號碼相符，你就獲得了頭獎。即使沒有全對中，還有機會六碼裡對中五碼，仍然能得到不少獎金。你的彩券號碼有沒有 4, 7, 10, 11, 34 呢？丹尼斯頓的彩券裡就會有這麼一張，所以你唯一會對不中的情形，只有彩券號碼是 4, 7, 10, 11, 34, 47 與 4, 7, 10, 11, 34, 48，因為這兩張一開始就丟掉了。

　　假如是另外一組五個號碼，例如 4, 7, 10, 11, 46，會如何呢？你第一次或許運氣不好，因為 4, 7, 10, 11, 34, 47 是一張丹尼斯頓的

---

* 以數學的術語來說，這是因為丹尼斯頓的彩券列表構成所謂的史坦納系統（Steiner system）。2014 年 1 月牛津大學青年數學家奇瓦西（Peter Keevash）公布了一項重大突破，證明了所有的史坦納系統都存在，這是數學家長期以來探索的問題。

彩券。那麼 4, 7, 10, 11, 46, 47 就不可能出現在丹尼斯頓的列表裡了，否則列表裡就會有兩組號碼共用五個數目，這是不被允許的。換句話說，如果惡毒的 47 號讓你錯失一張六碼對中五碼的彩券，它就不可能再讓你錯失其他的六碼中五碼彩券了。同理也適用於 48。所以六種可能對中五碼的組合便是：

4,　7,　10,　11,　34

4,　7,　10,　11,　46

4,　7,　10,　34,　46

4,　7,　11,　34,　46

4,　10,　11,　34,　46

7,　10,　11,　34,　46

保證至少會有四組出現在你的彩券裡。事實上，如果你買全 217,833 張丹尼斯頓彩券，你就會有

2% 機會有一張是六碼對中頭獎

72% 機會有六張是六碼對中五碼

24% 機會有五張是六碼對中五碼

2% 機會有四張是六碼對中五碼

把這個跟賽爾比以「快選」隨機挑選彩券的策略比較，那裡有微小的 0.3% 的機會，完全沒得到六碼對中五碼獎項，更糟的是，僅有 2% 的機會一張彩券得到該獎項，6% 的機會有兩張，11% 的

機會有三張，15% 的機會有四張。在丹尼斯頓情況下得到的獲獎保證，現在卻由風險取代。很自然的，風險也伴隨著機運，賽爾比的團隊有 32% 的機會得到的獎項超過六項，那是你根據丹尼斯頓列表選擇彩券所達不到的目標。賽爾比的彩券與丹尼斯頓或任何人的彩券都有相同的期望值，但是丹尼斯頓的方法把玩家與機會的影響隔絕。如果想在沒有風險的狀況下玩樂透，光是大量買幾十萬張彩券還不足夠，你必須買到正確的那幾十萬張彩券。

「藍登戰略」集團是不是因為使用這種策略，所以必須花時間去人工勾選幾十萬張彩券呢？他們有沒有使用於純數學精神下發展出來的丹尼斯頓系統，在自己不必冒風險的情形下，從樂透當局吸取獎金呢？我的報導至此就碰壁了。我曾經與盧昱然接觸，但是他也不知道到底彩券是如何挑選出來的。他只是告訴我，宿舍裡有一位跑腿的傢伙，由他來處理這一切有關演算法的事宜。我不能確定那位跑腿的人有沒有使用丹尼斯頓或者任何相近的系統，如果他沒有的話，我倒願意建議他最好用一用。

好吧，你可以玩威力球

到目前為止，我們已經充分講述了以獲取獎金的期望值這個角度來看，選擇去玩樂透幾乎總是不良的選擇。我們也講過即使在非常罕見的狀況裡，彩券的期望值超過它的成本，但想從你買的彩券裡盡量擠出最多的效用，你也必須用盡心思。

一些頗具數學頭腦的經濟學家，現在必須解釋一項難以忽視的真相，同樣的問題在兩百年前也讓亞當·斯密甚感困惑：樂透為什麼會那麼受人歡迎？樂透並非艾司伯格研究的那種情況，人們需

面對未知或不可能知道的風險做決策。能從樂透獲獎的機會極為微小，是盡人皆知的公開訊息。而人們在做決策時傾向把效用極大化的原則，幾乎是經濟學的柱石，用來建立各種行為模型時，從商業實務到戀情選擇，也都能充分發揮功用。但是為什麼不適用於威力球呢？這種非理性的行為讓一批經濟學家難以接受，就好似畢達哥拉斯學派難以接受斜邊的無理性。它無法納入經濟學家認為事情應該如何的模型，然而它又偏偏真實存在。

經濟學家比畢達哥拉斯學派更有彈性，他們沒有氣憤的把傳壞消息的人投海，而是修正模型配合實際情況。有一種流行的方案是由我們的老朋友傅利曼及莎維奇所提出，他們認為樂透玩家遵從的效用曲線是彎彎扭扭的，反映了人們以階級而非數值量來思考財富。如果你是中產階級的勞工，每週花五塊錢買樂透，你就是輸了也只不過消耗一點錢財，並不會改變你的階級。雖然錢是損失了，但是負效用幾乎接近零。然而如果你贏了，那就會把你移動到社會裡的另一個階層。你可以把這個想成是「臨終臥床」（deathbed）模型，當你躺在床上接近臨終，你會介意撒手人寰時，錢因為投注樂透而少掉一點嗎？大概不會吧！但是如果你中了威力球，35 歲就能退休，把餘生都去墨西哥觀光勝地潛水玩耍，你會不會在意呢？當然，當然會啦！

卡尼曼（Daniel Kahnemann）與特弗斯基提出跟古典理論大相逕庭的說法，他們認為人們一般來講，會偏離效用曲線要求的途徑而另找出路。這不僅是艾司伯格在他們面前放一個罐子時才這樣，在日常生活中就經常如此。他們的「前景理論」（prospect theory）現在已被視為行為經濟學的創始文獻，旨在忠實模擬人們實際上如

何行動，而不是根據抽象的合理性概念應該如何行動。卡尼曼後來還因此理論獲得諾貝爾獎。在卡尼曼與特弗斯基的理論裡，人們會給低機率事件較大的權重，這是與臣服於馮諾伊曼與摩根史坦公設的人很有差異的地方。得到頭獎的誘惑力會衝破根據嚴格計算期望效用所允許的程度。

追求簡單的快樂

　　但是最簡單的解釋根本不需要動用到沉重的理論，其實不管有沒有贏錢，買張樂透彩券就是小小快樂一下。不是去加勒比海渡假的快樂，不是整夜派對跳舞的快樂，不就是花一兩塊錢的樂趣嗎？道理很可能就是如此。雖然也有理由懷疑這種解釋法（例如，買樂透的人常說，會贏錢的前景是他們投注的基本理由），不過它確實能夠說明我們看到的行為。

　　經濟學家並非物理學家，效用也不是能量。效用是沒有守恆性的，兩造互動之後各方所獲得的效用，可以都比原來的效用更高。這就是樂觀的自由市場論者對樂透的觀點。它並非累退稅，它只是一種遊戲，人們給州政府一點點費用，換取幾分鐘州政府提供的廉價娛樂，州政府把獲得的錢去保持公共圖書館開門，街道路燈明亮。就像兩國相互貿易，雙方都能從中獲利。

　　總而言之，如果你覺得威力球有趣的話，就去玩威力球吧。數學批准你的請求！

　　當然，這個觀點也是會有自己的問題。在這裡我們又見到巴斯卡陰鬱的論調，矛頭指向賭博的刺激：

　　每天都小賭一點的人，一生是不會無聊的。但假如你每天早上都給他一筆當天他可能贏到的錢，條件是絕不許他賭博；那麼你可能會使他痛苦不堪。也許有人會說，他追求的是賭博的樂趣而非贏錢。那麼就讓他來賭永不贏錢的賭博吧！他一定會感到毫無趣味而且無聊不堪。因此，他追求的就不僅是娛樂；無精打采、沒有熱情的娛樂也會使他感到無聊的。他一定要在感覺興奮，並且幻想著他能獲得在不賭博的條件之下，絕不會得到的那些東西，他才會感到幸福。

　　巴斯卡認為賭博的快感是可鄙的，且耽溺於其中必然會產生傷害。用來支持樂透的理由，也可類推到甲基安非他命販子跟顧客之間的雙贏關係。你愛對安非他命說什麼就說什麼，但是你無法否認有廣泛的人群衷心的享用它。*

　　要不要再來一個比較？這回不用毒蟲做例子，想想美國的驕傲，那些中小企業的老闆。開一家店面或銷售一種服務，跟買一張樂透彩券很不一樣，你對於自己的成功多少有些掌控。但是兩種行徑也有共同的部分：對於大多數人而言，創業是不樂觀的賭博。不管你自認烤肉醬有多可口，你期望自己的 App 多麼具有破壞性的創新，你如何凶猛無情的遊走法律邊緣做生意，你失敗的機會仍遠大於成功。那就是企業家精神的本質：你賺大錢的機會非常渺小，你養家餬口的機會普普通通，你輸得個精光的機會相當龐大。對於大

---

* 我不是故意杜撰這樣的論調，如果你想看這種立場推到極致，你應該看看貝克（Gary Becker）與墨菲（Kevin Murphy）的理性成癮論。

部分準備進入企業的人而言,當你把數字精打細算完畢,就會發現期望的財務價值很像樂透彩券,結果是小於零。一般的生意人(正如一般的買彩券的人)會高估了成功的機會。即使存活下來的生意,通常當老闆賺得的錢,還比不上過去在公司上班拿的薪水。然而,幸虧有人違反老謀深算的推論去開創新事業,這個社會才能獲益。我們想要餐廳,我們想要理髮店,我們想要智慧型手機上的遊戲。

難道企業家精神是一種「向愚人徵的稅」嗎?如果你如此認為,別人會當你發瘋了。部分的理由是,我們給生意人的評價遠高於賭徒。我們很難把對一件行為的道德感受,與我們對它的合理性的判斷剝離開。但是另一部分理由,也是最主要的部分,就是經營生意的效用,正如買樂透彩券的效用,並非僅從期望的金錢數目來量度。能實現一個夢想,甚至只是嘗試去實現它,就已經獲得了回報。

無論如何,哈維與盧昱然就是那麼做了。在「大贏錢」結束之後,他們移往西部,在矽谷開了一間小公司,販賣商用的線上交談系統。(哈維的履歷頁隱晦的列出,他的興趣包含「非傳統的投資策略」。)當我寫這段文字時,他們還在尋求創投的資金。他們也許能獲得,即使沒能獲得,我敢打賭很快就會發現他們又重新出發,不管有沒有期望值,希望他們下一張嘗試的彩券能使他們成為贏家。

PART IV
認清迴歸，不錯估趨勢

第14章

平庸會出頭

　　1930 年代早期的美國企業界，跟現在一樣經歷了一陣探索靈魂的時光。大家都知道有些事搞砸了，但是到底是什麼事呢？1929 年股票大崩盤以及後續的經濟蕭條，是全然不可預期的災難嗎？還是說，美國的經濟有系統性缺陷？

　　統計學教授希克瑞斯特（Horace Secrist）很適合回答這個問題。他在西北大學擔任商業研究處的主任，是在商業上應用量化方法的專家，寫的統計學教科書廣泛為學生及商業主管愛用。從 1920 年起到大崩盤之前，他已經仔細蒐羅與商業相關的上百種統計資料，從五金店、鐵路到銀行，應有盡有。希克瑞斯特表列出開銷、總銷售額、薪資與租賃開支，以及其他任何能蒐集到的數據，嘗試把那些讓企業發揚光大、或步履蹣跚的神祕變因定性及分類。

　　1933 年，希克瑞斯特準備把分析結果公諸於世，學院與業界人士都樂於洗耳恭聽。希克瑞斯特在一本厚達 468 頁、塞滿表格與圖片的書裡，披露了他找到的驚人結論，各方更是虛心受教。

希克瑞斯特不故弄玄虛，他把書名定為《商業裡平庸會出頭》（*The Triumph of Mediocrity in Business*）。

「在競爭的商業裡，平庸到了最後會勝出。」希克瑞斯特寫道：「經過研究幾千家公司行號的成本（開銷）與利潤後，毫無疑問都總結到我們得到的結論。這其實是工業（貿易）自由帶來的代價。」

希克瑞斯特如何達到這樣令人沮喪的結論？首先，他把每個部門的商業加以分級，仔細把勝利者（高收入低支出）與效率低的蠢才區分開。例如，在希克瑞斯特研究的 120 家成衣店，先以 1916 年銷售額與支出的比例排序，然後分成六群（六分位），每群 20 家。希克瑞斯特預期看見在最高六分位的店家，會隨時間鞏固營利，並變得更優越，因為他們持續磨練自己擁有的頂尖商家技能。但是研究結果發現事實正好相反。

到了 1922 年，原先最高六分位的服裝店，多半喪失了他們之於一般店家的優勢。雖然他們還是優於平均，但總體來說，已經不再是特別傑出的一群。不只如此，最低六分位，也就是那些原來最糟的店家，經歷了同樣的走勢，只是方向相反：他們的表現有所改善而且更接近平均。

不管原來是什麼天才把那些店家推到最高的六分位，在短短六年間大多已經後繼無力。平庸勝出了。

希克瑞斯特發現，每一種行業都有一樣的現象。五金店趨於平庸，雜貨店也趨於平庸。而且不論用哪一種方式量度，都會出現這種現象。希克瑞斯特試過用薪資與銷售額的比例、租賃與銷售額的比例，以及其他各種他所知道的經濟統計量去量度那些公司，全部都沒差。

隨時間的進程,表現突出者在外觀與行動上就愈來愈像一般大眾。

希克瑞斯特的書就好像在那些已經感到不安的商業菁英臉上潑了一桶冷水。許多書評家從希克瑞斯特的圖表裡,看到用數字推翻永續企業發展的神話。水牛城大學的瑞格(Robert Riegel)說:「這種結果使商人與經濟學家必須面對不可迴避、又有些悲劇的問題。雖然一般原則總是會有例外,但是一開頭拚命幹,然後有能力、有效率的人贏得成功的加冕,隨之而來的是能長期收割報酬,這樣的觀念徹底煙消雲散了。」

是什麼力量把離群值(outlier)推向中間?一定跟人的行為有關,因為這種現象好像在自然界並不會發生。希克瑞斯特一向做事徹底,他對美國 191 個都市的 7 月份氣溫做了類似的檢定,但並沒有向平均值迴歸的現象。1922 年最熱的都市,在 1931 年還是最熱。

經過數十年統計與研究美國企業的營運後,希克瑞斯特認為他找到答案了。競爭的本質就是建立在打壓成功企業、並提升較差的競爭對手上。希克瑞斯特寫道:

完全自由的進入產業及持續競爭,會讓平庸綿延不斷。新商號徵募的人員,相對較不適合或至少經驗不足。如果有些成功了,他們必須面對所屬類別與市場的競爭。然而高明的判斷、買賣嗅覺及誠信,仍無法不受制於不擇手段者、愚魯者、誤導者、錯判者。結果造成零售業太多,店家小而效率低,銷售量不足,開銷相對高,利潤又少。只要這個領域可以自由進入(的確如此),或只要前面建議過範圍內的競爭是「自由的」(的確如此),那麼最強與最弱者

都將不復存在，取而代之的是平庸者將成為常態。中等水準的生意
頭腦居於主導，他們的操作方式也成為規範。

　　你能想像今天會有商學院的教授講這類的話嗎？簡直就是不可
思議。在當代的論述中，自由市場競爭應該像是除草機的刀鋒，把
無能者甚至與最佳者只差 10% 的都砍掉。劣勢的商號要靠優勢者
的仁慈存活，不該反其道而行。

　　然而不同大小的商號，以不同層次的技藝水準相互擠壓，這種
自由市場在希克瑞斯特眼裡，很像在 1933 年就已經快落伍的單間
教室學校。希克瑞斯特曾如此描述：「各種年齡的學生，擁有不同
心態與訓練，卻都擠進同一間教室接受教育，結果造成喧鬧、倍感
挫折，以及毫無效率。常識告訴我們應該要分類、要評分、要有特
殊處理，這些改善才能使天賦有機會站穩腳步，優秀者才不會遭低
劣者拖垮或稀釋掉。」

　　最後那部分的語氣，我該怎麼說呢？你能想像在 1933 年，還
有誰會談論抵擋優秀者遭低劣者稀釋掉的重要性？

數學家的見解

　　我們已經知道希克瑞斯特對於教育的品味，你也許就不會感覺
詫異，他那種向平庸迴歸的概念，其實援引自十九世紀英國科學家
及優生學先鋒高爾頓（Francis Galton）。高爾頓在家中七位子女中
屬最年幼，而且是神童。他長年臥病的姊姊阿黛爾以教育他自娛，
他兩歲就會簽名，四歲就會寫信給姊姊：「我能夠做任何的加法，
可以做 2, 3, 4, 5, 6, 7, 8, 10 的乘法。我會背先令與便士的換算表。

我能夠讀一點法文，我也會看鐘上的時間。」

　　高爾頓十八歲開始學醫，但是在父親過世後，他得到了一大筆遺產，頓時覺得缺乏追尋傳統事業生涯的動力。有那麼一段時間，高爾頓成為探險家，帶領考察團深入非洲內陸。然而 1859 年，《物種起源》劃時代的出版，催化他急遽轉變興趣。他回憶說：「狼吞虎嚥了它的內容，一面咀嚼一面消化。」從那時開始，高爾頓把大部分工作都奉獻給人類體質與心理特徵的遺傳研究上。這些研究導引他提出一些政策偏好，而這些主張確實不對現代觀點的胃口。他在 1869 年出版《遺傳的天才》（*Hereditary Genius*），開篇就可顯露出該書的特色：

　　我想在這本書證明，人的天賦能力是從遺傳得來的，它受到的限制，與整個生物界的形式及體質特徵所受的限制並無二致。即使有這些限制，但經過慎重選擇，仍然不難產生新品種的犬或馬，與生俱來特殊奔馳或做其他事的本領，所以也應該可以很務實的透過幾代慎選婚姻對象，創造出非常有天賦的人類種族。

　　高爾頓想為他的理論找證據，仔細研究了英國有成就的人，從教士到角力選手都有，論證有名望的英國人＊多半會有超多有名的親戚。《遺傳的天才》遭到巨大排斥，特別是來自宗教團體。高爾頓用這種純粹自然主義觀點來看世間成功的因素，使傳統的上天庇佑觀點幾無存身餘地。特別惱人的是，高爾頓認為在宗教上的成

＊ 他在前言中對省略外國人表示歉意，他說：「我其實很想研究義大利人與猶太人的傳記，他們好像有很多高智商家族。」

功發展，也會受遺傳影響：正如一位書評者抱怨：「虔誠的人之所以虔誠，竟然不是我們一向相信的，是因為聖靈直接作用到他的靈魂，如風行而草偃，反倒是塵世父親的身體留傳給他的體質，經過適應而產生的宗教情操。」無論高爾頓曾經有過什麼宗教界的有力朋友，三年後都全然喪失，因為他發表了一篇題為〈以統計探討祈禱的效力〉的文章。（扼要綱領：祈禱沒什麼用。）

與宗教界對比，維多利亞時代的科學界雖然並非毫無批評，但總體來說是興致勃勃的接受高爾頓的著作。達爾文還等不及他寫完全書，就熱切的寫信給他：

唐恩，貝肯罕，肯特，東南區
12 月 23 日

我親愛的高爾頓：

　　我才剛剛讀你的書到大約 50 頁的地方（到法官那章），我必須深深吐口氣，否則身體會出毛病。我想此生還沒有讀過比這本更有趣、更原創的書了，而且你把每個論點都寫得那麼好又清晰。喬治已經看完全書，他也同意我的看法，並且告訴我，後面的各章更加精采！我還得花些時間才能終卷，都是內人大聲讀給我聽的，她也深感興趣。你已經讓一個在某種意義上持反對意見的人，變為信徒。因為我一向都主張，除非是傻子，人與人之間的智力相差無幾，有區別的地方只在熱誠與辛勤工作，我仍認為這是明顯而重要的差異。恭喜你完成一部傑作，我深信這必然是傳世之作，我也懷抱強烈的興致，期待每

一次朗讀，雖說我都得深深思考，讓我頗感辛苦；不過這是因為我的大腦駑鈍，而非你的文字不夠漂亮清晰。

你的摯友

（簽名）查爾斯・達爾文

平心而論，達爾文難免有點偏心，因為他是高爾頓的表兄。除此之外，雖然達爾文的著作，量化的程度不如高爾頓，但是達爾文真心相信，數學方法可以提供給科學家更豐富的世界觀。他在回憶錄裡，反省了自己早年的教育：

我曾經努力想學數學，1828 年夏季還隨一位家教（很悶的人）去巴茅斯，但我進步得非常慢。我其實不喜歡這門功課，主要是因為我看不出代數剛開始的步驟有什麼意義。如此缺乏耐心十分愚蠢，在後來的歲月裡，我為沒有持續前進深感遺憾，至少要達到能認識數學裡的重要原則才好。有這種程度的人，好似添加了一種感官。

對於他自己因為數學裝備不足，無法開創超越普通感官的生物學，達爾文從高爾頓身上看到出口。

數學洞見讓一切明朗

批評《遺傳的天才》的人認為，雖然智能傾向的遺傳是真實的，但是相對於其他會影響成就的因素，高爾頓誇大了遺傳的力道。高爾頓於是進一步想瞭解，父母的遺傳能影響我們的命運至何

種程度。但是想要量化「天才」的遺傳可不簡單：他認為有成就的英國人到底多有成就，要如何精確量度？高爾頓並不氣餒，他轉向觀察那些能擺進數值尺度上的人體特徵，例如身高。眾人皆知，雙親長得高，子女也容易長得高。身高 188 公分左右的男人與身高 178 公分左右的女人結婚，子女較有可能高於平均。

不過高爾頓有一項驚人的發現：那些子女不太可能跟父母一樣高。對於身高較矮的父母而言，這種現象也會出現，只不過方向相反；他們的子女雖然較矮，但是沒有像父母那麼矮。高爾頓發現了今日所謂「向平均值迴歸」（regression to the mean）的現象，他的數據毫無疑問顯示，這種效應是真實的。

高爾頓在 1889 年出版的《自然遺傳》（*Natural Inheritance*）書中寫道：「不管乍看起來多麼難以置信，它是理論上必然的事實，* 同時能從觀察裡清楚得到確認，相較於雙親，成年後代的身材會更為中等。」

因此高爾頓推論，智力成就也應該有這種現象。他的想法與常識經驗相合；偉大作曲家、科學家、政治領袖的子女，經常在同一領域裡表現出色，但是很少如同父母那麼耀眼。高爾頓觀察到後來希克瑞斯特從商業經營裡揭露出的現象：卓越不能長存，當時間流逝，平庸反而勝出。†

---

* 技術性但重要的註腳：當高爾頓說「必然」時，他使用了一項生物學上的事實，就是從一代到下一代，人體身高的分布差不多是相同的。理論上有可能不發生迴歸，不過這會迫使變異加大，如此一來每一代會有更多的超高巨人以及迷你侏儒。

† 希克瑞斯特熟悉高爾頓有關人類身高的研究，我們很難理解他如何說服自己，只有在人類可控制的變量下，才會發現向平均值迴歸的現象。當一項理論真正占據了你的腦袋，即使你已經知道有矛盾的證據存在，也都視而不見了。

不過高爾頓與希克瑞斯特之間有一項重大差異，高爾頓內心深處是數學家，希克瑞斯特卻不是。因此高爾頓理解迴歸為什麼會發生，希克瑞斯特卻一直身處暗室。

高爾頓瞭解，決定身高的因素包括天生的特徵與外界的力量；外界的力量可能會涵蓋環境、兒童期的健康狀態或純粹的機遇。我自己身高大約 185 公分，部分是因為家父身高也是 185 公分，我遺傳了某些他促進長高的因子，但也是因為我在孩童時能吃很營養的食物，也沒有經歷會阻礙發育的非比尋常壓力。無論在母親肚內還是肚外，誰知道我的身高還受到多少因素的影響。高個子的人之所以高，是因為遺傳使他們傾向於長得高，但也可能是外在力量促使他們長高，或先天與後天的因素都發生作用。一個人愈高，愈可能兩類因素都推往長高的方向。

換句話說幾乎可斷定，從身高最高的人口群挑出的人，身高會比由遺傳因素估計出的更高。他們雖然生下來就擁有良好基因，但也從環境與機會因素得到推動力。子女會得到他們的基因，然而沒有理由讓外在因素再次把子女的身高，推向超過遺傳應得的程度。所以平均來講，他們會比一般平均身高更高，但不會像父母那樣旗桿似的過高。那就是致使向平均值迴歸的原因：並非有愛好平庸的力量作祟，而是遺傳與機遇的簡單交互作用罷了。

理論上必然的事實

所以高爾頓寫道，向平均值迴歸是「理論上必然的事實」。剛開始他很意外會從數據裡發現這種特徵，然而一旦他瞭解到底是什麼因素發生作用，就知道不可能還有任何其他不同的結論。

　　商業上也有同樣的情形。對於在 1922 年獲利最豐的商號，希克瑞斯特並沒有說錯，它們很可能是該領域裡經營最佳的公司。然而，它們也靠幾分運氣。隨時間進展，它們在營運上也許能保持優越且明智的判斷力，然而在 1922 年機運絕佳的公司，十年後卻不會比其他公司更容易獲得幸運之神的眷顧。所以位居最高六分位的公司，隨年華老去而排名日墜。

　　事實上，幾乎所有會隨時間波動的日常狀況，都有發生迴歸效應的可能。你有沒有發現，試用新的杏仁奶油乳酪飲食法時，體重掉了一公斤多？再回想一下，決定要瘦身的那一刻，很可能是體重起起伏伏到達最高峰的時期。也只有在那種時刻，你低頭看看體重計，或只是看看自己的腰身，就會說，唉呀，我真的該採取一些行動了。如果真是這樣，不管吃或不吃杏仁乳酪，好歹都可能減輕一公斤多，因為你本就有意恢復正常體重。於是你難以知道新的飲食方法是否有效。

　　你可以用隨機取樣來對付這個問題：先隨機挑選兩百人，檢查哪些人過重，讓他們試用新飲食法。你做的事跟希克瑞斯特一樣，體重最重的族群，會非常像商業裡的頂級六分位公司。他們雖然會比一般人更容易持續有過重的問題，但是在量體重的那一天，也很可能是他們體重的最高峰。就像希克瑞斯特的績優公司會隨時間趨向平庸，你的過重的人選也會逐漸減肥，不管新飲食法到底有效無效。所以良好的飲食法研究不該只是研究一種飲食法的效果，而是同時研究兩種飲食法，來看哪一種會產生較大的減肥作用。向平均值迴歸的影響，要以相同效力發生在兩群受試者身上，這樣的比較才會公平。

　　第一本書就轟動的作家，或首發專輯就爆紅的流行樂團，他們的第二本書、第二張專輯，為什麼極少會如同第一次那麼受歡迎？這不是，或不完全是因為大多數藝術家僅有一件值得發表的心血結晶，而是因為藝術成就裡混雜了天賦與運氣，就像生活中其他的東西，也逃不過向平均值迴歸的影響。*

　　能簽下多年高薪合約的美式足球跑鋒，簽約後的下一季，接球後能跑的碼數往往會減少。†有人說那是因為他們已經喪失多跑幾碼的金錢誘因，這種心理因素也許有些影響，但另外一項重要因素是，正因為他們當年表現極好，所以才獲得肥厚的合約；緊接著的下一季，如果他們沒有回到平常表現的水準，那才古怪呢！

沒有走勢這回事

　　我寫這段文字時，美國 4 月棒球季正剛開始。每年這個時候，就會有一堆新聞報導說，某某球員的「走勢」趨向出現難以想像的破紀錄盛況。今天我看 ESPN 電視頻道，才知道「坎普（Matt Kemp）有一個亮眼的開始，打擊率 0.460，走勢趨向 86 支全壘打，210 個打點，172 個得點」。這些讓人跌破眼鏡的數字是標準的假線性（在棒球大聯盟歷史上，沒有人在一季裡打出超過 73 支全壘打）。有點像數學應用題：「如果馬西亞在十七天裡

---

* 小說家與音樂家能經由練習讓技藝愈加純熟，使這些情況變得更複雜。費茲傑羅（F. Scott Fitzgerald）的第二本小說（你叫得出書名嗎？）銷售量比第一本《塵世樂園》（*This Side of Paradise*）差了很多。他的寫作技巧熟練後，卻已經江郎才盡了。
† 此現象及解釋援引自伯克（Brian Burke）在 Advanced NFL Stats 網站的作品，他的清晰解說與嚴格注意統計上的良好直覺，都可做為體育分析家的表率。

能油漆粉刷九間房子，而他有一百六十二天可用來盡量粉刷房子……」

在道奇隊的頭十七場比賽中，坎普打出九支全壘打，每場平均打 9/17 支全壘打。業餘代數學家可能會寫出下列的線性方程：

$$H = G \times (9/17)$$

此處 H 表示坎普整季裡的全壘打數目，G 則是坎普的球隊的總出賽數。一整個棒球季要出賽 162 場，把 162 代入上式得到 86（其實是 85.7647，不過 86 是最接近的整數）。

然而這條線不全然是直的。今年坎普不會打出 86 支全壘打。理由就在於向平均值迴歸的現象。在球季進行中，聯盟裡的全壘打王非常可能本來就很會打全壘打。坎普的紀錄清楚顯示，他有某種素質能以驚人的力量打擊棒球。然而聯盟裡的全壘打王也非常可能是運氣極佳，意思是說不管領頭者的走勢如何，你可以預知，隨球季進展，他的成績會逐漸下降。

公平的講，ESPN 電視頻道不會有人相信，坎普能打出 86 支全壘打。在 4 月講「走勢」，通常都帶點半開玩笑的調調：「他當然打不出那麼多全壘打，不過倘若他能保持這種走勢，會有什麼結果？」隨著夏日推移，人們愈來愈不說笑了，到了仲夏開始，很認真的用線性方程，預測球員到年終的各項統計。

不過那樣做還是有問題。因為如果 4 月時，發生了向平均值迴歸的現象，在 7 月也一樣會有向平均值迴歸的現象。

球員其實瞭解這個道理。當媒體都在說基特（Derek Jeter）的

走勢將打破羅斯（Pete Rose）的終身打擊紀錄時，基特卻告訴《紐約時報》：「體育界中最糟的說法就是『走勢』如何如何。」誠哉斯言！

我們少講點理論，來看看具體例子。假如在美國職棒大聯盟的明星賽中，我的全壘打打數領先美國聯盟各隊，那麼在剩下的球季中，我能預期自己再打多少支全壘打？

明星賽把球季分割為「上半季」與「下半季」，不過下半季略短。近幾年來，下半季的長度約只有上半季的 80% 或 90%。所以你會預測我的全壘打數目可能是上半季的 85%。*

但是歷史告訴我們，如此預測是錯誤的。我想搞清楚到底發生什麼事，查了一下 1976 年到 2000 年之間的十九個球季，看看美國大聯盟在上半季中，全壘打數領先的球員（但排除因罷工而縮短或上半季第一名平手的那幾年）。其中只有三位在下半季打出上半季紀錄的 85%，分別是 1978 年的萊斯（J. Rice）、1980 年的歐格里維（B. Oglivie）、1997 年的麥奎爾（M. McGwire）。

在我觀察的這些球季裡，都會有一位類似泰投頓（Mickey Tettleton）的球員，泰投頓在 1993 年上半季，以 24 支全壘打領先群倫，但是下半季卻只打出 8 支全壘打。平均來說，強打者在下半季的全壘打數，只達到上半季的 60%。這種衰退的原因並非疲倦或 8 月的熱天氣；如果真是這種原因，應該會看到整個聯盟裡的全

---

* 實際上，球員的全壘打總數在下半季會略微下降，這也許是因為球季後期的擴編使打者增加的緣故。以優質全壘打者的統計資料來看，下半季的全壘打率與上半季的全壘打率並無不同。（J. McCollum 與 M. Jaiclin,《棒球研究學報》〔*Baseball Research Journal*〕，2010 秋季號。）

壘打數，都有類似的大幅下降。其實這就單純是向平均值迴歸的現象。

這種現象並不局限於聯盟裡最好的全壘打手。每年大聯盟明星賽期間舉行的全壘打大賽，是棒球強棒的比賽，他們試圖從餵球投手的手中打出最多支的高飛全壘打。有些打擊手抱怨，全壘打大賽的人為條件使他們拿捏時間的準頭生變，致使在明星賽後的幾週，不容易打出全壘打，這種現象稱為「全壘打大賽的魔咒」。

2009 年《華爾街日報》刊登了一篇令人屏息的報導〈神祕的全壘打大賽魔咒〉，雖然通曉統計的棒球部落客早就嚴格駁斥了其中的論調，但是該報在 2011 年又重炒冷飯，刊登〈偉大的大賽魔咒再次出擊〉一文。不過並沒有什麼魔咒，能參加大賽的球員，是因為球季開始期間表現突出，平均來講，迴歸的現象會迫使他們之後的成績趕不上先前的表現。

至於坎普，他在 5 月傷了一條腿筋，不得不休息一個月，再次上場就變成很不一樣的球員了。2012 年球季結束時，他沒有實現「走勢」預測的 86 支全壘打，只達到 23 支全壘打。

人的心理對於向平均值迴歸的現象有些抗拒，我們寧願相信有種力量可以把強者拉下，因而不會心甘情願接受高爾頓在 1889 年就已經知道的事：看似強大者鮮少名副其實的強大。

希克瑞斯特碰上了對手

希克瑞斯特沒看出這項關鍵性論點，然而對於數學底子厚的研究者而言，這卻不那麼晦澀難懂。雖然希克瑞斯特的書廣獲書評推崇，但在《美國統計協會學報》上，霍特林（Harold Hotelling）發

表了一篇有名的澆冷水書評。

霍特林是明尼蘇達人，是牧草經銷商之子，他大學本來要學新聞，結果發現自己極有數學天分。（如果高爾頓繼續研究美國名人的遺傳，就會很高興發現，雖然霍特林出身並不顯赫，但是祖先裡有一位是麻州殖民地的祕書長，也有一位是坎特伯里英國國教的總主教。）霍特林跟沃德一樣，是從純數學開始的，在普林斯頓大學寫的博士論文，題目與代數拓樸學有關。後來在戰時，他也領導了在紐約的統計研究小組，就是沃德向軍方解釋，為何裝甲應該放在沒有彈孔部位的單位。

1933 年，希克瑞斯特的書出版時，霍特林是哥倫比亞大學的年輕教授，在理論統計上已有重要貢獻，特別是與經濟問題相關的部分。據說他喜歡在腦袋裡玩「大富翁」，他能記住盤面的布局，以及各種「機會」與「命運」卡片出現的頻率，這些都是產生亂數以及心理記帳的簡單練習。從這裡可大略看出，霍特林的腦力程度與喜好類別。

霍特林完全把自己奉獻給研究與知識生產，他從希克瑞斯特身上看到某些氣味相投之處，以惺惺相惜的口吻寫道：「編輯與直接蒐集這些數據所耗費的勞力，必然極度龐大。」

但緊接著就是當頭棒喝。霍特林指出，只要當我們研究的變數既會受穩定因素影響，又會受機遇影響時，希克瑞斯特觀察到的「平庸會出頭」現象，或多或少就會出現。希克瑞斯特的上百個圖表，「除了證明涉及的比例有遊走的趨勢，並沒有證明其他東西」。希克瑞斯特費力研究找出的結果，「通盤考量只是數學上明顯的事實，並不需要大量蒐集資料來給予證明」。

　　霍特林使用一個簡單並具決定性的觀察，就把論點講透澈。希克瑞斯特卻相信，是長期競爭的力量造成向平均值迴歸的現象，是因為競爭才使 1916 年的績優商號，到 1922 年幾乎無法超越平均。但是如果你挑選了 1922 年表現最好的商號，狀況又如何？類似高爾頓的分析結果，這些商號很可能既優良又好運。倘若你把時鐘調回 1916 年，它們仍應該保有優良的經營手法，但時運卻有可能全然不同。這些商號在 1916 年通常會比在 1922 年更接近平庸。換句話說，如果向平均值迴歸正如希克瑞斯特說的，是競爭力的自然結果，那麼這些力量，對未來與過去的影響，應該一樣。

　　霍特林的書評口吻有禮而堅定，明顯流露出憂慮而非氣憤：他試著用最友善的方式向一位卓越的學者解釋，他浪費了十年的生命。但希克瑞斯特並不領情。下一期的《美國統計協會學報》刊登了他的反駁，指出霍特林書評裡一些誤解的地方，卻完全略過書評的重點。希克瑞斯特再次堅持，向平均值迴歸絕非統計的一般現象，而是「受競爭壓力與經營管理影響的數值」的特殊現象。

　　至此霍特林無法繼續維持溫和態度，在回覆中直言：「如果正確解讀本書，其論點基本上顯而易見……既花錢又耗時的研究許多種行業的利潤與開銷之間的比例，從而想『證明』如此的數學結果，就類似想證明九九乘法表正確時，不僅使用大象排成行列來計算，也使用其他很多別種動物來做這件事。這種操作也許有娛樂性，或若干教學價值，但對動物學或數學卻沒有任何重要貢獻。」

　　實在很難太過苛責希克瑞斯特。高爾頓花了二十多年才完全掌握向平均值迴歸的意義，很多科學家後輩都跟希克瑞斯特一樣誤

解了高爾頓。生物辨識學家威爾頓（Walter F. R. Weldon）曾經在蝦子身上證明了高爾頓對人類表徵變異的發現，因此揚名立萬。他在1905 年的演講中提到高爾頓的貢獻：

> 嘗試用他的方法的生物學家，很少會花氣力去瞭解他引領形塑他們的過程。我們不斷聽到，迴歸是生命體特有的性質，從親代到子代的過程中，迴歸使變異強度減輕，物種得以保有其類型。那些簡單的認為，子代的平均偏差比親代低的人，會認為上述觀點很可能是對的。但是這些人應該記住一項同樣明顯的事，就是親代也會因子代而迴歸，所以不正常孩童的父親，一般而言，不正常程度比起子女來說較少。如果不把這種迴歸的特徵歸因於某種生命特性，它讓子代可以減低雙親不正常的程度，他們就必須尋找出這種現象產生的真正原因。

大家仍搞不清楚迴歸

生物學家急切的認為，迴歸來自生物學，希克瑞斯特之類的管理學者，則希望它來自競爭，文學批評家把它歸咎於創作力枯竭。然而以上全非正確答案。迴歸，來自數學。

儘管有霍特林、威爾頓，以及高爾頓自己的懇求，時至今日，迴歸代表的訊息仍未受完全理解。不單單是《華爾街日報》的體育版搞錯，就連科學家也不例外。

一個特別生動的例子來自 1976 年《英國醫學期刊》一篇以麥麩治療大腸憩室症的論文。（我的年紀剛好夠老到可以記得 1976

年當時，養生狂熱者講起麩皮的景仰之情，就跟現在的人講起omega-3 脂肪酸與抗氧化物一樣。）作者記錄了每位病人在使用麥麩療法前後的「消化道排送時間」，也就是一頓飯從入口到排出人體，在體內所花的時間。

他們發現麥麩有一項顯著的規律影響，「排送過快者，逐漸趨緩到 48 小時……一般排送時間者沒變化……排送過慢者，趨向加快到 48 小時。所以麥麩有調整排送過慢及過快至平均值 48 小時的趨向。」當然，這種結論本來就是當麩皮毫無作用時，你應該預期的效應。再說得細緻些，無論腸子的健康情形如何，我們都有食物過境快與過境慢的日子。如果星期一出現少有的快速過境，那麼無論你吃不吃麩皮，很可能接著而來的星期二就是一次近乎平均的過境時間。*

還有「恐嚇從善」（Scared Straight）計畫的興亡。這個計畫帶領青少年罪犯參觀各監獄，讓受刑人警告他們，如果不趕快改邪歸正，將來獄中生活有多恐怖。最早實施這個計畫的是紐澤西州立監獄，拍攝此計畫的紀錄片還獲得了 1978 年的奧斯卡最佳紀錄片殊榮。這個計畫快速引起全美國的仿效，甚至傳到了挪威。青少年熱烈討論他們從「恐嚇從善」計畫得到的道德教訓，典獄長與受刑人也都喜歡能對社會做出正面貢獻的機會。有一種流行而且根深柢固的想法認為，青少年犯罪應該怪罪於家長與社會的溺愛，「恐嚇從

---

* 論文的作者確實也點出迴歸的存在：「此現象有可能只是向平均值迴歸，但我們的結論是，增加纖維的攝取，的確會影響生理表現，進而改善大腸憩室症病患排送過快或排送過慢的問題。」這樣的結論從何而來，除了對麥麩的信念外，實在很難說明清楚。

善」正好呼應這種想法。最重要的是，「恐嚇從善」有效。紐奧良的一個模範計畫報導說，參與「恐嚇從善」的人，遭逮捕的機會少於參與前的一半。

其實「恐嚇從善」根本無效。那些青少年罪犯就像希克瑞斯特研究中表現較差的商家，都不是隨機選出來的，而是因為最差才獲選。迴歸告訴你，今年那些行為最惡劣的少年，明年仍然有行為偏差問題，但不會同樣惡劣。就算是「恐嚇從善」沒效應，你也應該預期拘留比率會下降。

這不是說「恐嚇從善」毫無影響。此計畫接受隨機檢定時，從一群青少年罪犯中隨機選出一個子群接受「恐嚇從善」，然後與其他未選入的青少年相比，研究者發現，此計畫其實增加了反社會行為。這個計畫也許應該改叫「恐嚇從愚」（Scared Stupid）。

第15章

高爾頓的橢圓

　　高爾頓證明了，只要研究的現象會受機率的力量影響，那麼向平均值迴歸就能起作用。但是與遺傳效應相比，那些力量有多強？

　　為了知道數據到底說了些什麼，高爾頓有必要把只有數字的表格轉換成更圖像化的方法來解讀。他後來追憶這段發展時說：「我開始用一張畫了橫格的紙，在頂端分出尺度來表示兒子的身高。在側邊再畫一條直的尺度，用以表示父親的身高。然後用鉛筆把對應於每個兒子及其父親的點標記出來。」

　　這種把數據視覺化的方法，繼承了笛卡兒解析幾何的精神。解析幾何要我們把平面上的點想像成一對數字，一個是 x 坐標，一個是 y 坐標，從此把代數與幾何牢牢綁在一起，並一直延續到今日。

　　每一對父與子會分配到一對數字：父親的身高與兒子的身高。我父親跟我，身高都是 185 公分，也就是 73 英寸。因此如果我們出現在高爾頓的數據裡，就會記錄為（73，73）。並且，高爾頓會

在圖紙上 x 坐標 73 與 y 坐標 73 處做記號，標誌我們的存在。高爾頓龐大紀錄裡的每一對親子，都在圖紙上留下了記號，直到他的圖紙上畫滿一大堆的點，代表了身高的整體變異。高爾頓發明了我們今日所謂的散布圖（scatterplot）。*

　　散布圖在顯現兩個變數間的關係上，成效特別亮眼。幾乎拿任何一本當代科學期刊來看，你都會發現一堆的散布圖。十九世紀末可說是資料視覺化的黃金時代。1869 年密納德（Charles Minard）製作了一張很有名的圖表（右頁上），表示拿破崙部隊一路攻往俄國，以及後來撤退時，軍力如何逐漸削弱。他的圖受譽為古往今來最偉大的資料圖示，然而卻只是南丁格爾雞冠花圖的後裔。南丁格爾的雞冠花圖赤裸裸讓人看清楚，大部分在克里米亞戰爭陣亡的士兵，是死於感染而非俄國人的彈藥。

　　雞冠花圖與散布圖善於利用我們認知上的強項：我們的大腦看一行行的數字不太靈光，但在二維視野裡標定位置與訊息，卻本領高強。

　　某些狀況相當容易處理。例如：假設兒子的身高都與父親相等，正如家父與我一樣。這種情形代表機會沒有發生任何作用，你的身高完全由父親是誰來決定。在我們的散布圖（右頁下）裡，所有點的 x 坐標與 y 坐標都相等；換句話說，它們全黏在方程為 x = y 的對角線上。

---

* 或至少是再次發明它：天文學家赫歇爾（John Herschel）在 1833 年研究雙星軌道時，曾經建構過近似散布圖的表示法。這位赫歇爾不是發現天王星的赫歇爾，順便一提，那位威廉‧赫歇爾是是他的父親。這就是有名的英國人及他有名的親戚！

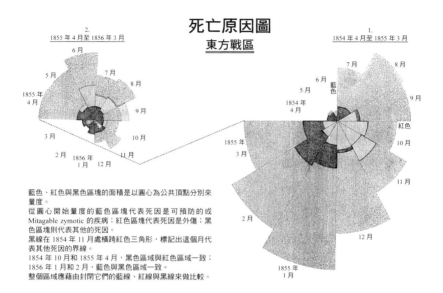

死亡原因圖
東方戰區

藍色、紅色與黑色區塊的面積是以圓心為公共頂點分別來
量度。

從圓心開始量度的藍色區塊代表死因是可預防的或
Mitagable zymotic 的疾病;紅色區塊代表死因是外傷;黑
色區塊則代表其他的死因。

黑線在 1854 年 11 月處橫跨紅色三角形,標記出這個月代
表其他死因的界線。

1854 年 10 月和 1855 年 4 月,黑色區域與紅色區域一致;
1856 年 1 月和 2 月,藍色與黑色區域一致。

整個區域應藉由封閉它們的藍線、紅線與黑線來做比較。

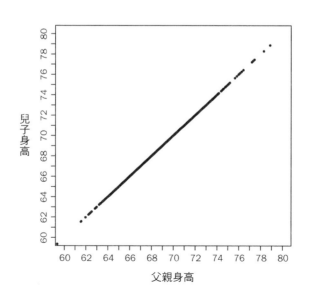

　　請注意，點的密度在中間較高，在兩端較低；69 英寸（約 175 公分）高的人，會多於 185 公分高或 163 公分高的人。

　　那麼另一個極端，也就是父親與兒子的身高完全相互獨立，情況會怎樣？在那種情形下，散布圖看起來會像下圖：

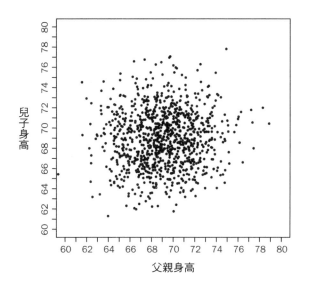

　　與前一張圖不同，這張圖沒有偏向對角線。如果你仔細找找那些父親高 73 英寸（185 公分）的兒子，也就是對應散布圖靠右的一條垂直線，可以發現那些測量兒子身高的點，仍然集中在 69 英寸。

　　我們會說兒子身高的條件期望值（就是已知父親高 73 英寸時，兒子的平均身高）等同於無條件期望值（就是不限制父親身高時算出的兒子平均身高）。

　　這種情況就是在高爾頓論文圖表中，身高看起來毫不受遺傳差異影響的樣子。它表現出最強烈的向平均值迴歸；高個子父親的兒子全部向平均值迴歸，結果並沒有比矮個子父親生的兒子更高。

　　不過高爾頓的散布圖看起來都不像兩種極端情形，而是在兩者之間：

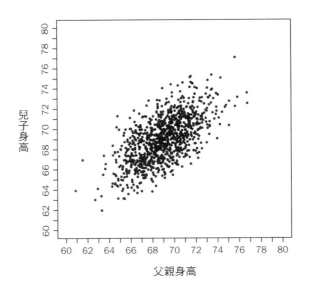

　　185 公分（73 英寸）高父親生的兒子，在圖中平均身高會是什麼樣子？我畫出一個條塊，讓你能看出那些父子對在散布圖上對應的點。請見次頁圖。

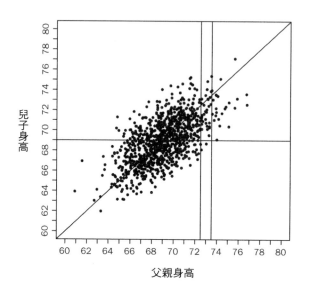

你可以看出來,在「73 英寸高的父親」條塊裡面,對角線下方比上方聚集的點更多,所以兒子平均比父親矮。但是從另一個角度來看,他們又偏向高過所有人的平均身高 69 英寸。在我畫的數據圖中,那些兒子的平均身高是恰恰比 72 英寸低一點:所以他們比平均高,但是又沒有像父親那麼高。你看的正是向平均值迴歸現象的圖。

高爾頓很快注意到,這種由遺傳與機會相互影響的散布圖,具有一種絕非隨機的幾何形狀。它們看起來或多或少都被圈在一個橢圓形裡面,而中心正好是親子都剛好是平均值的點。

次頁,我們複製了高爾頓 1886 年論文〈身高遺傳方面向平均值的迴歸〉的表格,請看這些原始資料中數值非零的部分,這裡已經能夠清晰看出歪斜的橢圓形狀。這張表也顯示,我沒有剖析清

子女成年後的身高與父母中值的相對應值
（女性的身高都乘 1.08）

雙親中值的身高（英寸）	子女成年後的身高														總數		中位數
	以下	62·2	63·2	64·2	65·2	66·2	67·2	68·2	69·2	70·2	71·2	72·2	73·2	以上	成年子女	雙親中值	
以上　..	..	..	..	..	..	..	..	..	..	..	..	1	3		4	5	..
72·5	..	..	..	..	..	..	1	2	1	2	7	2		4	19	6	72·2
71·5	..	..	..	1	3	4	3	5	10	4	9	2	2		43	11	69·9
70·5	1	..	1	..	1	1	3	12	18	14	7	4	3	3	68	22	69·5
69·5	..	..	1	16	4	17	27	20	33	25	20	11	4	5	183	41	68·9
68·5	1	..	7	11	16	25	31	34	48	21	18	4	3		219	49	68·2
67·5	..	3	5	14	15	36	38	28	38	19	11	4	..		211	33	67·6
66·5	..	3	3	5	2	17	17	14	13	4	..				78	20	67·2
65·5	1	..	9	5	7	11	11	7	7	5	2	1	..		66	12	66·7
64·5	1	1	4	4	1	5	5	..	2	..					23	5	65·8
以下　..	1	..	2	4	1	2	2	..	1	..					14	1	..
總數　..	5	7	32	59	48	117	138	120	167	99	64	41	17	14	928	205	..
中位數　..	..	..	66·3	67·8	67·9	67·7	67·9	68·3	68·5	69·0	69·0	70·0	..		..	..	..

注意，中位數是指數列裡中央的數字。而為什麼頂端橫向列出的數字是 62.2 與 63.2 等，而非 62.5 與 63.5 等，是因為觀察的數據不均勻的分布在 62 與 63 之間、63 與 64 之間 …… 並且有強烈朝整數偏差的傾向。我仔細思量後，決定採取目前的表列法，因其最能反映這種狀況。這個不平均現象在雙親中值的數據裡，看不太出來。

楚高爾頓的數據展現的所有面貌，例如，他的 y 軸並非「父親的身高」，而是「父親身高與 1.08 倍母親身高的平均值」，高爾頓稱為「雙親中值」。*

　　事實上，高爾頓做的還更多。他在散布圖上細心沿著約略具有固定密度的點畫出曲線。這種曲線稱為等值線（isopleth），也許你不知道它的正式名稱，但是你不會對它陌生。如果你拿出一張美國地圖，把所有今天高溫恰為華氏 75 度，或者華氏 50 度，或者任何固定溫度的都市用曲線連起來，你就得到天氣圖上熟知的等溫線（isotherm）。一幅詳盡的天氣圖可能還會畫出連接同氣壓處

---

* 母親的身高乘 1.08，是要使母親平均身高約略與父親平均身高相符，可以讓父母身高在同一尺度上來量度。

的等壓線（isobar），或同樣雲量覆蓋區域的等雲量線（isoneph）。如果我們用高度取代溫度，等值線就是地形圖上看到的等高線（isohypse）。下面的等值線圖顯示每年在美國大陸的年均暴風雪次數：

　　等值線並非高爾頓發明的，第一張等值線圖是由英國皇家天文學家哈雷於 1701 年發表的，就是前面提過，向國王解釋如何正確設定年金收費的哈雷。* 航海者早知道，磁北極與真北極並不相

---

* 其實等值線的出現還早於哈雷。我們知道最早的是河流與港口地圖上的等深線（isobath），至少可以回溯到 1584 年。不過哈雷獨立發明了這種技巧，而且毫無疑問加以大力宣傳。

合，而確實瞭解各地的偏差狀況，顯然是能成功渡過大洋的關鍵。哈雷的地圖上顯示的是等磁偏線（isogon），能告訴水手哪裡的磁北極與真北極偏差為常數。哈雷曾經數次掌舵帕拉莫爾號來往航行大西洋，蒐集地磁的量度值製作地圖。（這傢伙還真會在兩次彗星來臨之間，把自己搞得很忙！）

　　高爾頓發現一個美妙的規律：他的等值線都是橢圓，每一個包含在另一個之內，但是都具有相同的中心。就好像是完美橢圓狀高山的輪廓線，峰頂是高爾頓從樣本裡最經常觀察到的一對身高：親與子的平均身高。這座山也正好是棣美弗研究的警帽的三維空間；用現代術語來說，我們叫它「二變量常態分布」（bivariate normal distribution）。

側視圖

俯視圖
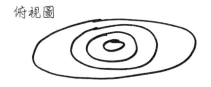

兒子的身高完全與父母身高無關時，也就是如 148 頁的第二幅散布圖所示，此時高爾頓的橢圓全成為圓形，散布圖看起來圓滾滾的。然而當兒子的身高完全由遺傳決定，不涉及任何機會因素，數據就會落在一條直線上，如 147 頁第一幅散布圖所示。你可以把直線想像成扁得不能再扁的橢圓。

在兩種極端之間，我們有各種肥瘦的橢圓。肥瘦的程度在古典幾何裡稱為橢圓的離心率，量度了父親身高影響兒子身高的幅度。離心率高表示遺傳力強，向平均值迴歸的力量較弱。離心率低則作用相反，向平均值迴歸居於主導地位。

高爾頓把他的量度稱為相關（correlation），這個名詞沿用至今。假如高爾頓的橢圓幾乎是圓的，相關接近於 0；但若橢圓很瘦長，方向是沿著東北往西南的軸線，相關接近於 1。至少西元前三世紀的阿波羅尼奧斯（Apollonius of Perga）在作品裡已經談論到離心率，高爾頓使用這樣一個幾何量，找出量度兩個變數之間的關聯，解決了十九世紀生物學最尖端的問題：遺傳的量化。

你如果持有適當的存疑態度，此處你應該會問：如果散布圖看起來不像橢圓，又會怎麼樣？有一個實用的答案：真實生活裡的數據畫出來的散布圖，通常都會排出粗略的橢圓。雖然並非一定出現橢圓，但橢圓出現的頻率非常高，使得這個方法的適用範圍非常廣泛。右頁上圖顯示 2004 年凱瑞（John Kerry）的得票率對上 2008 年歐巴馬的得票率，每一點代表一個眾議院選區：

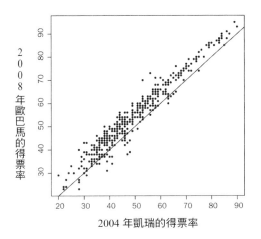

　　這個橢圓明顯相當瘦長；也就是說凱瑞的得票率與歐巴馬的得票率高度相關。這些點明顯的位於對角線上，反映出歐巴馬的表現基本上好過凱瑞的事實。

　　下圖是幾年間 Google 與通用電器每日股價變化的狀況：

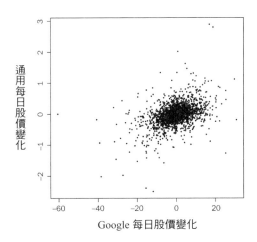

下圖我們曾經看過，這是 SAT 平均得分與北卡羅萊納州立大學一群學生的學費關係圖：

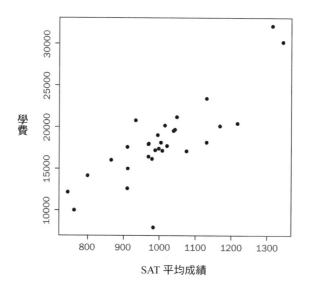

SAT 平均成績

右頁上圖是美國五十個州的散布圖，呈現出平均收入相對於2004 年小布希的得票率。康乃狄克州（CT）這種比較富裕的自由主義主導區，會出現在右下方。愛達荷州（ID）這種共和黨居多數卻財力有限的州，會出現在左上方。

這些圖的數據來自非常不同的源頭，但是四張散布圖都排出約略橢圓的形狀，跟親子身高圖的樣子類似。在前三個例子裡，相關是正向的；一個變數增加會使另一個變數增加，而橢圓傾向東北往西南的走勢。次頁的最後一幅圖中，相關是負向的：一般而言，富裕州會偏向民主黨，而橢圓傾向西北往東南走勢。

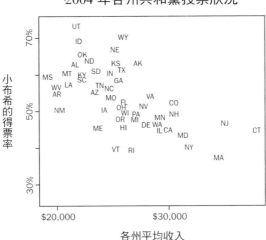

幾何無所不在

對於阿波羅尼奧斯與希臘的幾何學家而言，橢圓是圓椎曲線（conic section），是用平面切過圓椎得到的切面。刻卜勒證明行星的軌道是橢圓形，而非早先認為的圓形，但是天文學界耗費了幾十年才採納他的見解。現在，同樣的曲線成為概括親子身高的自然形狀，為什麼會這樣？不會是因為有什麼掌控遺傳的隱藏椎體，當你從正確的角度切過去，就得出高爾頓的橢圓；也不會是有什麼遺傳引力，會依照牛頓力學定律，強制產生高爾頓圖表裡的橢圓形式。

答案來自數學的基本性質，從某種角度來說，也就是使數學對科學家極度有用的那種特性。數學裡有很多複雜物件，簡單的卻很少。所以當有個問題的解答可以是簡單的數學描述，這個解答就只

有少數幾種可能性。因此最簡單的數學物件無所不在，被迫在各類科學問題的解答中都參上一角。

二次曲線效用多

最簡單的線就是直線。顯然在自然界到處可見直線，從晶體的邊界到無外力影響時的運動物體路徑。

第二簡單的線是二次方程畫出來的曲線，二次方程最多只有兩個變數相乘。* 所以取一個變數的平方，或把兩個變數相乘是沒問題的，但若是取一個變數的三方，或把一個變數的平方乘以另一個變數，則是完全禁止的。包括橢圓在內的這類曲線，有鑑於歷史來源，仍然稱為圓椎曲線。但是比較前瞻的代數幾何學家則稱它為二次曲線（quadric）。† 現在有非常多的二次方程，全都具有下面的形式

$$A x^2 + B xy + C y^2 + D x + E y + F = 0$$

其中 A, B, C, D, E, F 都是常數值。（讀者願意的話，可以確認一下，這裡不能允許其他形式的代數式，請記住條件是我們只准兩個變數相乘，絕不准三個相乘。）這看起來有很多選擇，也確實有無窮多個！不過這些二次曲線可劃分成三大類：橢圓、拋物線、雙

曲線。‡它們看起來是這樣：

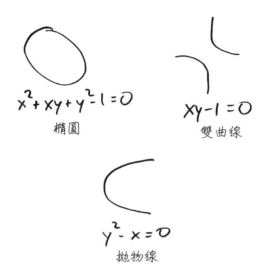

我們一再碰到這三種曲線，是因為它們是各種科學問題的解答，不僅描述了行星的軌道，還出現在弧形鏡面的最佳設計、拋體的弧線，以及彩虹的形狀。

它們也會出現在科學以外的場合。我的同事哈里斯（Michael Harris）是傑出的數學理論專家，任教於巴黎第六大學的數學研究所，他有一個理論認為，文學家品瓊（Thomas Pynchon）的三部主要小說，受制於三個圓椎曲線：《萬有引力之虹》（*Gravity's Raibow*）是關於拋物線（包含很多火箭的發射與墜落！），《梅森和迪克遜》

---

‡ 其實還有幾個例外，像是方程 xy = 0 決定的曲線，是兩根交於原點 (0,0) 的直線。
　我們在此不考慮這些所謂的「退化」曲線。

（*Mason & Dixon*）是關於橢圓，而《抵抗白晝》（*Against the Day*）是關於雙曲線。我認為這種分類跟其他方式的分類都沒有什麼本質上的優劣。品瓊曾經主修物理，很喜歡在小說裡中提到莫比烏斯帶或四元數，他鐵定很清楚圓椎曲線是什麼。

高爾頓觀察到，他手畫的曲線看起來像橢圓，但是他的幾何沒有好到確定是橢圓，而非其他近乎卵形的曲線在發生作用。會不會因為他渴望典雅又普遍的理論，導致他觀察蒐集來的數據時，發生感官上的影響？他不會是第一位，也不會是最後一位發生這種錯誤的科學家。高爾頓像往常一樣謹慎，他尋求劍橋數學家迪克森（J. D. Hamilton Dickson）的協助。他甚至隱藏了自己數據的來源，只說是一個物理問題，以免迪克森會先入為主，發生傾向特定結論的偏見。讓高爾頓欣慰的是，迪克森很快確認，不僅數據暗示曲線是橢圓，理論也要求曲線必須是橢圓。

高爾頓寫道：「對於有成就的數學家而言，這個問題也許沒什麼困難。因為當初蒐集來的數據有些粗糙，我還得小心翼翼加以調整，然而答案出現時，純粹數學推理確認了我的統計結論，而且比我原先期望的更契合。我之前對數學分析的主宰與廣泛影響力，從未感受到如此忠誠與景仰的光輝。」

貝迪永人體測量法

高爾頓很快就理解「相關」適用的範圍並不局限於遺傳，只要任兩個量彼此可能發生某些關係，就能考慮其間的相關。

高爾頓剛好擁有一大批解剖量度的數據，那是十九世紀末在貝迪永（Alphonse Bertillon）影響下流行做的事。貝迪永是法國的犯

罪學家，與高爾頓氣味相近，他致力用嚴格的量化觀點來看人類生活，並且認為這種觀點會帶來很多好處。＊特別是，貝迪永對於法國警方辨認犯罪嫌疑人時，無系統又危險的方法異常驚駭。貝迪永認為，如果能把每個法國歹徒標示以一系列量度值，那將多麼優越且現代化。量度值應該包括頭的寬度、手指與腳掌長度等。在貝迪永的系統裡，每一位遭逮捕的嫌疑人，都得加以量度並且把數據寫在卡片上，建檔以待來日使用。假如同一人又被逮捕，要辨認他的身分就很簡單了，只要拿出兩腳規量度他的各部位，跟卡片上的數據比對。「啊，15-6-56-42 號先生，你以為**騙**得過去，是吧？」你可以取別名，但是你的頭卻沒有替身。

　　貝迪永系統相當符合時代的分析精神，在 1883 年為巴黎警察局採用，很快就傳到世界各地。在高峰時期，貝迪永人體測量法風靡了從布加勒斯特到布宜諾斯艾利斯的警察圈。1915 年，福斯迪克（Raymond Fosdick）寫道：「貝迪永的卡片櫃成為現代警察單位的顯著標記。」不僅普遍使用，也不發生爭議。美國大法官甘迺迪（Anthony Kennedy）在 2013 年「馬里蘭州訴金（Maryland v. King）」一案的多數意見裡，允許州政府從逮捕到的罪犯身上採取 DNA 樣本：在甘迺迪的觀點下，DNA 序列就是另一種附著於嫌疑人的數據點序列，是二十一世紀的貝迪永卡片。

　　高爾頓自問，貝迪永量度的項目是否為最好的選擇？如果你量

＊ 雖然貝迪永那麼熱衷數據，但在經手的最重大個案上，卻出了紕漏。他曾經協助把屈里弗斯（Alfred Dreyfus）定了叛國罪，是用一種冒牌的「幾何證明」，來認定一封願意出售法國軍事文件的書信，出自屈里弗斯之筆。請參看 L. Schneps 與 C. Schneps 合寫的書《法庭上的數學》（*Math on Trials*），其中詳述了貝迪永不幸涉入的始末。

度更多項目，會不會更正確指認出嫌疑犯？高爾頓領會出人體的量度並非彼此完全獨立。假如你已經量過嫌疑犯的手，你還真的需要量他的腳嗎？你聽過人家說，手掌大的人從統計上來看，腳會比平均值大。因此加入腳的長度，不太會像原來期望的那樣，增加貝迪永卡片上的訊息。增加愈來愈多未加慎選的量度值，反而會使回報穩定遞減。

為了研究這種現象，高爾頓製作了另外一幅散布圖，是身高相對於「肘長」，肘長就是從手肘到中指尖的距離。讓他很驚訝的是，又看見了橢圓樣式，類似於父子身高的圖示。再一次，他用圖形證明了身高與肘長這兩個變數，雖然彼此不能完全決定對方，但確實相關。如果兩個量度值是高度相關（像是左腳長度與右腳長度），就毫無必要花時間量度兩次。最佳的量度是取自彼此不相關的對象。另外可從高爾頓已經蒐集的大量人體量度數據中，去計算出會發生關連的相關性。

結果高爾頓發明的「相關」，並沒有讓貝迪永系統大幅改善。部分原因是高爾頓自己努力去推廣另外一套系統，就是指紋辨識。就像貝迪永系統，指紋辨識把嫌疑犯簡化成一組數字或符號，登錄在卡片上，加以分類及收藏。然而指紋辨識具有某些明顯的優點，特別是即使犯罪者已經不在現場，留下的指紋仍然有用。令人印象深刻的一個案例，是 1911 年在大白天偷走羅浮宮蒙娜麗莎肖像的波魯吉亞（Vincenzo Peruggia）。他以前曾經在巴黎被捕，按規定製作了貝迪永卡片，再依照身體各部位的長寬分類放入資料櫃，可是當時並不能發生任何功用。但如果卡片上有他的指紋，就可從遺留現場的蒙娜麗莎畫框上的指紋，立刻認出他來。*

資訊也可以壓縮

對於貝迪永的系統，我沒有完全講真話。事實上，他沒有記錄每一項身體特徵的精確量度數值，只記錄屬於小型、中型或大型。量度手指的長度時，把罪犯分為三群：短手指、中等手指與長手指。量度肘長時，把這三群再分別細分為三群，因此罪犯就分成了九群。如果做五種量度，貝迪永系統就會把罪犯分為

$$3 \times 3 \times 3 \times 3 \times 3 = 3^5 = 243$$

有 243 這麼多群，對於這 243 群裡的每一群，眼睛與頭髮的顏色又有七種選擇。所以到最後，貝迪永的分類把嫌疑犯區分為 $3^5 \times 7 = 1701$ 個小小範疇。一旦你逮捕超過 1,701 人，某個範疇必然會包含不只一位嫌疑犯，不過在任何一個範疇裡的人數應該都相當小，小到警官能夠很容易翻動卡片，找到一張照片，裡頭的長相跟眼前戴著手銬的人一樣。如果你願意再增加量度的項目，每增加一項就把範疇數增加三倍，你可以把範疇劃更加細分，使得沒有兩個罪犯，甚至沒有兩個法國人，會享有相同的貝迪永編碼符號。

這是很乾淨的技巧，可以把像人體形狀這類複雜的東西，用短短一串符號來記錄追蹤。這種技巧的應用也不必限制在人體特徵的分

---

* 至少這是福斯迪克在〈貝迪永辨識系統的過氣〉（The Passing of the Bertillon System of Identification）中的講法。跟任何過往年代裡著名犯案一樣，在蒙娜麗莎竊案上，也有一大堆加油添醋的不確定事件與陰謀論，在別人的敘述裡，指紋辨識的作用又各不相同了。

類，一種類似的系統稱為帕森斯碼（Parsons code），* 用來區分音樂旋律。它的作用如下：拿一段旋律來，像是我們都熟知的貝多芬第九交響曲的輝煌結尾〈快樂頌〉。我們用 * 表示第一個音符，之後的每一個音符，你可以用三個符號中的一個來記錄，其中 u 表示現在這個音符比前一個音符聲音高，d 表示聲音低，r 表示重複同一音符。〈快樂頌〉的開頭兩個音符相同，所以你記下 *r。然後接著一個較高的音符，之後的一個音符更高，所以你記下 *ruu。接著你重複最高音符，跟隨著四個下降音符。所以開始的一段音樂便是 *ruurdddd。

你無法從帕森斯碼重製出貝多芬的傑作，就像你無法從貝迪永量度值畫出銀行竊賊的長相一樣。但是如果你有一櫃子用帕森斯碼分類的音樂，那一串符號很容易幫你辨認出給定的一段曲調。舉例來說，如果你的腦海裡有〈快樂頌〉的調子，但是想不起來曲目名稱，你可以到 Musipedia 之類的網站，打進去 *ruurdddd。這一小段符號，就能夠把選擇窄化到〈快樂頌〉或莫札特第 12 號鋼琴協奏曲。如果你自己吹口哨吹出十七個音符，那就有

$$3^{16} = 3 \times 3 \times 3 \times 3 \times 3 \times 3 \times 3 \times 3 \times 3 \times 3 \times 3 \times 3 \times$$
$$3 \times 3 \times 3 \times 3$$
$$= 43{,}046{,}721$$

這麼多種不同的帕森斯碼，一定比收錄過的所有旋律數目還

---

* 較年長的讀者可能很樂於知道，發明帕森斯碼的帕森斯，是唱〈天空之眼〉（Eye in the Sky）的艾倫·帕森斯的父親。

大，使得兩首歌有相同碼的機會甚低。每次增加一個新符號，你就會把碼的數目乘以三。我們要感謝指數型成長的快速，只需使用相當短的碼，你就有能力區分出兩首不同的歌曲。

　　但是還有一個問題。讓我們再來看貝迪永：假如我們發現抓到警察局的人，肘長的範疇總是跟手指長的範疇一樣，那會怎麼樣？開頭兩個量度本來應該可分成九類，其實只能分出三類：短手指／短肘，中等手指／中等肘，長手指／長肘；貝迪永卡片櫃裡有三分之二的抽屜會是空的。全體範疇的數目不是 1,701，而是 567，也就使得我們分辨犯罪者的能力下降。從另一個角度看這件事，我們原來認為做了五種量度，但是肘長跟手指長傳達的是相同的訊息，所以我們只有效的使用了四種量度。這也解釋了卡片的數目為什麼會從 $7 \times 3^5 = 1701$ 殺減到 $7 \times 3^4 = 567$。（此處的 7 是計算眼睛與頭髮的顏色分類數。）如果各個量度裡還有更多關係，就會使有效的範疇數減少，也使得貝迪永系統的威力降低。

　　高爾頓有一項重要的洞識，他警覺到即使手指長與肘長不同，只要相關，影響也會發生。量度值之間的相關會使貝迪永碼傳達較少的訊息。高爾頓的敏銳聰慧再一次讓他站上先知的地位。他捕捉到的是剛萌芽的思維方式，要到半個世紀後，夏濃的訊息理論才完全講清楚這個理論。我們在第 13 章看過，夏濃量度訊息的方法對於位元以何種速度流過有雜訊的管道，提供了上限。夏濃的理論也同樣的對於相關變數間如何減少卡片上的訊息，提供了捕捉其程度的方法。用現代的術語來說，量度之間的相關愈強，以夏濃的精確定義而言，貝迪永卡片能提供的訊息就愈低。

　　現在已經不再使用貝迪永人體測量法了，然而數字串是辨識身

分最的佳方法，這觀念已經取得壓倒性地位。我們生活在數位訊息的世界裡。「相關」會降低有效訊息量的洞識，也成為位居中心的組織原則。譬如，照片曾經是化學藥劑處理紙面展現的色彩樣式，現在卻是一串數字，每個數字代表一個像素的亮度與顏色。由 4 百萬像素照相機捕捉到的影像，其實是有 4 百萬個數字的表格，這對相機的記憶體是不輕的負擔。但是這些數字彼此相關性非常高。假如一個像素是亮綠色，下一個像素很可能也一樣。影像裡真正包含的訊息，不需花 4 百萬個數字來記錄。正因為這個事實，才有可能做壓縮。*

　　壓縮是關鍵的數學技術，能讓影像、視訊、音樂、文本儲存在遠比你以為的更小空間。相關性的存在使壓縮得以實現。真正要做到壓縮，還需要用到 1970 與 1980 年代由莫雷（J. Morlet）、馬拉（S. Mallat）、梅耶爾（Y. Meyer）、多貝西（I. Daubechies）以及其他人發展出來的小波理論。快速發展的壓縮感知（compressed sensing）領域，起源於 2005 年康德斯（E. Candès）、隆伯格（J. Romberg）、陶哲軒合寫的論文，而且很快就在應用數學裡自成一個活躍的子領域。

氣候裡的平庸會出頭

　　我們還有一條線索沒有追尋完全。我們已經知道向平均值迴歸能解釋希克瑞斯特發現的「平庸會出頭」現象，但是，希克瑞斯特

---

* 這不只是字面上壓縮了像素間的兩兩相關，而是確實會降低一個影像的（夏濃意義的）訊息量。

沒觀察到平庸會出頭的那些現象，又是怎麼回事？他追蹤美國都市的氣溫時，發現 1922 年最熱的那些都市，在 1931 年仍然是最熱的都市。他論證商業裡的迴歸現象是人類行為獨有時，這項有關氣象的觀察提供了關鍵證據。如果向平均值迴歸是普遍現象，氣溫為什麼不遵守？

答案很簡單：氣溫也遵守。

下表顯示威斯康辛州南部十三個氣象站記錄的 1 月平均華氏溫度，這些氣象站相距都在一小時車程內。

	2011 年 1 月	2012 年 1 月
克林頓	15.9	23.5
科提吉格羅夫	15.2	24.8
亞金森堡	16.5	24.2
傑弗孫	16.5	23.4
雷克密爾斯	16.7	24.4
洛迪	15.3	23.3
麥迪遜機場	16.8	25.5
麥迪遜植物園	16.6	24.7
麥迪遜，夏爾曼尼	17.0	23.8
馬佐梅尼	16.6	25.3
波提吉	15.7	23.8
里奇蘭中心	16.0	22.5
斯托頓	16.9	23.9

把這些氣溫製作成高爾頓式的散布圖後，可以看出，一般而言，在 2011 年比較溫暖的地點，在 2012 年也比較溫暖。

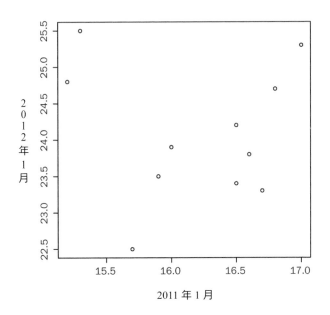

　　但是 2011 年最暖的三個氣象站（夏爾曼尼、麥迪遜機場、斯托頓），在 2012 年排名第一、第七、第八。同時三個在 2011 年最冷的氣象站（科提吉格羅夫、洛迪、波提吉），卻反而暖和了起來：波提吉與第四冷平手，洛迪第二冷，而科提吉格羅夫在 2012 年居然比大多數的地方都暖。換句話說，最暖與最冷的全都往排名的中段移動，跟希克瑞斯特的五金店狀況一樣。

　　希克瑞斯特為什麼沒有看見這個效應？那是因為他用別的方法選擇氣象站。他選擇的地方沒有限制在上中西部一小塊區域，而是分散在非常廣闊的區域。如果不用威斯康辛州而是以加州為例，讓我們再看看 1 月的氣溫狀況：

	2011 年 1 月	2012 年 1 月
尤里卡	48.5	46.6
夫雷士諾	46.6	49.3
洛杉磯	59.2	59.4
河濱	57.8	58.9
聖地牙哥	60.1	58.2
舊金山	51.7	51.6
聖荷西	51.2	51.4
聖路易斯奧比斯保	54.5	54.4
斯托克頓	45.2	46.7
特拉基	27.1	30.2

這裡就看不出迴歸了。像特拉基這種在內華達高山區寒冷的地方,總是很寒冷;聖地牙哥與洛杉磯這些很熱的地方,也總是很熱。把這些氣溫畫出來,會給你一張看起來差很多的圖:

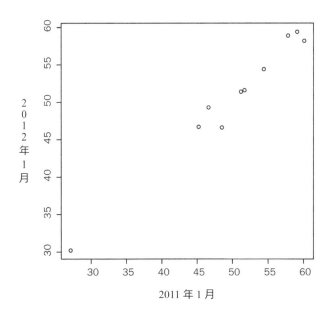

　　環繞這十個點的高爾頓橢圓會非常狹窄。從紀錄表裡氣溫的相差值，你可以看出加州有些地方就是比別的地方冷很多，這種地域的根本差異，掩蓋了每一年的隨機波動。用夏濃的術語來說，就是有太多訊號，而沒什麼雜訊。威斯康辛州中南部的地方，情況正好相反。從氣候的角度來說，馬佐梅尼與亞金森堡並沒有太大差別。在任何確定的一年裡，這些地方溫度的排序會跟機會有很大關係。所以雜訊很大，而訊號平平。

　　希克瑞斯特以為自己辛苦蒐集資料整理出的迴歸現象，是商業物理的新定律，可以把更多的確定性與嚴密性帶進商業的科學研究裡。但其實剛好相反。如果商業會像加州的都市，有些真的很熱，有些真的很冷，藉此反映出商業實務的潛在差異，那你就會相對的看到較少向平均值迴歸的現象。但希克瑞斯特的發現確實顯示出，商業跟威斯康辛州的城市更為類似。高超的管理與商業眼光固然扮演一定的角色，但是運氣大概也有相等的分量。

數學真的能教你不犯錯嗎？

　　在這套名為《數學教你不犯錯》的書中，對非數學家的大眾提及高爾頓，卻不提他最有名的事跡——優生學理論（他還受譽為優生學之父），似乎有點奇怪。如果一切都像我宣稱的那樣，只要對生活中的數學面向加以注意，就能避免犯錯，那麼像高爾頓這種對數學問題如此敏銳的科學家，怎麼可能在孕育優良人種上錯得這麼離譜？高爾頓認為在這個議題上，他自己的見解既溫和又通情達理，但同時代的人卻大為震驚：

　　正如其他多數新奇觀點，優生學反對者執迷不悟到令人好奇的地步。目前最常見的誤解是認為，優生學必須伴隨強迫交媾，就跟動物育種一樣。其實並非如此。對於那些有嚴重缺陷的人，例如精神錯亂、心智低能、慣性犯罪，和靠救濟為生，我才認為應該有堅定的強制手段，避免他們自由繁衍後代。但是這與強制結婚根本不是同一件事。如何限制不良的婚姻，本身就是一個問題，無論是用隔絕的方式，還是某些與合乎人道且非孤漏寡聞的公共意見一致，但尚未發明的辦法。我毫不懷疑我們的民主社會，最終會拒絕同意像現在這樣，讓不受歡迎的階級自由的繁衍後代。不過民眾還需要教育，瞭解這些事情的真實狀態。除非由有才幹的公民組成，不然民主社會是無法持久的。為了自保，我們必須抗拒自由引入退化人種。

　　我能說什麼？數學是一條不犯錯的道路，但它不是對所有事情都不會犯錯的道路。（抱歉，現在已經不能把書錢退給你了！）犯錯就像是原罪，我們生來就會犯錯，一輩子都會犯錯。如果想把犯錯對我們行動的影響範圍限制住，我們就必須時時警惕自己。真正的危險是，在藉由加強自己以數學分析問題的能力時，我們會獲得某種對自身信念的信心，但這個信念有時候會蔓延到觀念還是錯誤的地方。我們會變成如同那些非常虔誠的人，隨時間進展，對自己的高潔累積出極強烈的感受，以致於會相信自己做的壞事也是高潔的。

　　雖然我要盡力抗拒那種誘惑，但是請小心觀察我的步履。

十維空間裡的探險

我們現在存身的概念世界裡，不僅是統計學，還包括科學領域的每個角落，高爾頓創造的「相關」有極重大且深遠的影響。如果你對於「相關」只要知道一件最緊要事的話，那就是「相關並不能導出因果」。即使一事並不是另一事發生的原因，在高爾頓的意義下，兩件事仍可以彼此相關。這也不算完全新鮮，人們知道手足之間共享的身體特徵，當然會超過隨意挑選的兩個人，理由並非高個子的兄長致使小妹也會是高個子。但在背景中仍然藏了一點因果關係：高個子雙親的遺傳因素，有助於子女都是個子高。

在高爾頓之後的世界，你可以談論兩個變數之間的關連，完全不需要知道兩者有沒有任何直接或間接的因果關係。高爾頓引起的概念性革命，與他更有名的表兄達爾文的洞識頗有相似之處。達爾文證明了，我們能有意義的談論進步，不需要訴諸任何目的。高爾頓則證明了，我們能夠有意義的談論關連，不需要訴諸任何背後的原因。

高爾頓原來給「相關」下的定義，在範圍上有些局限，只適用於那些分布會遵守《數學教你不犯錯》上冊第 4 章裡，我們看過的鐘形曲線律的變數。不過用不了多久，卡爾・皮爾生 * 就把它調整與推廣到任何的變數。

如果我馬上把皮爾生的公式寫出來，或你即刻去書裡查出來，你會看到一堆平方根、比例什麼的，除非你很擅長笛卡兒幾何學，

---

* 艾根・皮爾生的父親，在上冊第 193 頁曾提到艾根與費雪的論戰。

否則很難透視其奧祕。其實，皮爾生的公式有一個相當簡單的幾何描述法。自笛卡兒以降，數學家就能在以代數和幾何描述的世界之間自由穿梭。代數的好處在於容易寫下式子，並且打進計算機。幾何的好處在於能把我們的物理直覺與情境連結起來，特別是當你能畫出一幅圖像時。在我有能力用幾何語言講清楚一段數學前，我極少會感覺自己真正搞懂了。

那麼對於幾何學家而言，「相關」是什麼意思？有一個例子會幫助我們理解。第 167 頁與 169 頁的表格，列出了 2011 年與 2012 年，十個加州都市在 1 月的平均氣溫。我們看得出 2011 年與 2012 年的氣溫有很強的正相關，皮爾生的公式會算出 0.989，這個快頂到天的數值。

如果你想研究兩個年份裡氣溫量度的關係，那麼把表格裡每個登記數值做等量修正，並不會影響原來的關係。如果 2011 年的氣溫與 2012 年的氣溫相關，那種相關性會跟「2012 年氣溫 + 5 度」相同。另外一種說法是，如果你把圖形裡的點都向上移動 12.7 公分，並不會改變高爾頓橢圓的形狀，而只會改變位置。對我們比較有用的是均勻的調整氣溫，使 2011 年與 2012 年的平均值都成為零。做完調整後，表格就會如下所示：

	2011 年 1 月	2012 年 1 月
尤里卡	－ 1.7	－ 4.1
夫雷士諾	－ 3.6	－ 1.4
洛杉磯	9.0	8.7
河濱	7.6	8.2

	2011 年 1 月	2012 年 1 月
聖地牙哥	9.9	7.5
舊金山	1.5	0.9
聖荷西	1.0	0.7
聖路易斯奧比斯保	4.3	3.7
斯托克頓	− 5.0	− 4.0
特拉基	− 23.1	− 20.5

　　特拉基這種寒冷的地方，在表格裡會出現負數，聖地牙哥這種溫暖的地方就出現正數。

　　現在要變戲法了。記錄 2011 年 1 月氣溫的十個數字的那一行，沒錯，是一串數字，但也是一個點。何以如此？這要歸功於我們的英雄笛卡兒。你可以把一對數字（x，y）當成平面上的一個點，從原點出發向右 x 單位，向上 y 單位。事實上，我們可以從原點畫一個小箭頭指向點（x，y），這種箭頭稱為向量。

　　同樣的方法，三維空間裡的點可以用三個數字的列表（x，y，z）

來描述。只要膽子大，什麼也擋不住我們把這種做法繼續推進。四個數字的列表可想像成四維空間裡的點，像我們表格裡加州氣溫的十個數字列表，就是十維空間裡的一個點。更好一點，就是想像成十維空間裡的向量。

　　等等，你有權發問：我如何能那樣想像？十維空間的向量看起來會是什麼長相呢？

　　它看起來就像這樣：

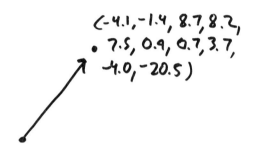

　　這是高等幾何學的骯髒小祕密。我們能在十維（或一百維、一百萬維……）的空間裡做幾何，聽起來挺驚人的，但是我們腦海裡能保存的圖像卻是二維，或者最多三維。我們的腦袋就只能處理那麼多。所幸這種貧瘠化的景象通常已經夠用了。

　　高維空間的幾何好像有點玄妙，特別是我們生活的世界只有三維。（如果你把時間也算進去就是四維，如果你相信某類弦論就有二十六維，即使如此，你也會認為沿多數維度，宇宙並不能伸展到很遠。）為什麼要研究在宇宙裡無法實現的幾何呢？

　　答案之一是，當前非常流行數據的研究。還記得四百萬像素照

相機得到的數位照片嗎？它是用四百萬個數字來記錄，每一個像素占用一個數字。（那是我們還沒有記錄顏色之前的狀況！）所以那張影像是在四百萬維空間裡的一個向量；或者你喜歡的話，可說是在四百萬維空間裡的一個點。一張隨時間變化的影像，可用一個在四百萬維空間裡到處移動的點來代表。此點可描繪出在四百萬維空間裡的一條曲線，不知不覺，你就動手在四百萬維空間裡做微積分，那麼真正有趣的事才開始登場。

用幾何看相關

再回到氣溫。我們的表格裡有兩行，每一行都給出十維空間裡的一個向量，他們看起來如下：

兩個向量所指的方向相近，反映出兩行數字相差不多。正如我們看過的，2011 年最冷的都市在 2012 年還是很冷，溫暖的都市也類似。

這就是皮爾生公式用幾何語言敘說的方式。兩個變數之間的「相關」是由兩個向量間的角度所決定。如果想把你的三角學本領拿出來，「相關」就是角度的餘弦。其實你記不記得餘弦的意義並

不要緊，你只須知道夾角為 0 時（也就是兩向量同指一個方向），該角的餘弦就等於 1。夾角為 180 度時（也就是兩向量指往相反方向時），該角的餘弦就等於 − 1。兩個變數對應的向量，夾角為銳角時（也就是小於 90 度），兩個變數就是正相關。夾角是大於 90 度的鈍角時，便是負相關。這是合乎道理的，夾角為銳角的兩個向量，粗略的講就是「指往同方向」，形成鈍角的兩個向量，則好像彼此過不去。

在夾角是直角時，它既不是銳角也不是鈍角，兩個變數的「相關」就成為零。從「相關」的觀點來看，彼此就是毫不相干了。在幾何裡，我們把一對交角是直角的向量稱為垂直或正交。從此延伸，數學家或三角學行家經常使用「正交」（orthogonal）這個詞，表示與手頭上的事情沒有任何關連。例如：「你也許會以為數學本領跟很受人歡迎有連帶關係，但是在我的經驗裡，兩者是正交的。」慢慢的，這種說法從小圈圈裡擴張到外面的世界。在最近美國最高法院的口頭辯論中，你都可以看到它的蹤跡：

佛瑞德曼先生：我認為該事項完全正交於目前討論的事項，因
　　　　　　　為聯邦承認——
大法官羅伯茲：抱歉，完全什麼？
佛瑞德曼先生：正交。直角。沒關係。不相干。
大法官羅伯茲：噢。
大法官斯卡利亞：那個詞是什麼？我喜歡。
佛瑞德曼先生：正交。
大法官斯卡利亞：正交？

佛瑞德曼先生：對，對。

大法官斯卡利亞：噢——

（笑聲）

我支持讓「正交」流行起來。已經很久沒有一個數學味的詞轉變成通俗英語了，正如「最小公分母」到目前幾乎已經完全喪失數學的本意，而「指數的」這個詞也沒有讓我「指數的」暴漲。*

把三角應用到高維向量來量化相關性，坦白講，絕非發展餘弦的人心中存有的念頭。天文學家希巴爾卡斯（Hipparchus of Nicaea）在西元前二世紀寫下第一張三角數值表，是為了幫忙計算兩次日食之間的時間。他處理的向量描述了天空裡的物體，是結結實實的三維空間物體。不過適用於一件目標的數學工具，會一再表現出來它在別種場合裡的有用之處。

用幾何來理解相關性可以澄清某些統計觀點，不再造成混沌不清。讓我們來想想富有的自由派菁英份子。有那麼一陣子，政治專家很喜歡談論這個有些名聲不佳的角色。政治評論作家布魯克斯（David Brooks）最愛討論這些人，他寫了一整本書談論一群他稱為波希米亞布爾喬亞的人，簡稱為 Bobo 族。2001 年，他檢討不同市郊區域的差別，舉出富裕的馬里蘭州蒙哥馬利郡（我的出生地！）以及中產階級的賓州富蘭克林郡當例子，他認為從前用經濟階級做為政治分層的方式，也就是共和黨代表有錢大老，民主黨代表勞動

---

* 也許我最好不要大聲抱怨有人錯以為「指數的」與「快速的」是同義詞。我最近看到一位體育記者，肯定是曾因用「指數的」而挨罵，在寫到短跑健將博爾特（Usain Bolt）時，說他「速度以對數般驚人的進步」，那其實更糟糕。

人民，是非常過時的。

　　就像從矽谷到芝加哥北岸，再到康乃狄克郊區，所有的高收入地區，在去年（2000 年）的總統大選中，蒙哥馬利郡以 63% 對 34% 支持民主黨候選人。同時，富蘭克林郡卻以 67% 對 30% 倒向共和黨。

　　首先「所有」的說法有點過頭。威斯康辛州最富有的郡是沃基肖，座落在密爾瓦基西邊的時尚郊區。布希在那裡以 65% 對 31% 壓倒性勝利打敗高爾，而高爾在全州卻是險勝。

　　然而布魯克斯也確實指出一個真實現象，我們在前幾頁的散布圖已經清晰可見。在當今美國選舉的態勢裡，有錢的州會比沒錢的州更可能投給民主黨。密西西比州與俄克拉荷馬州都由共和黨所盤踞，在共和黨紐約州與加州卻根本放棄競爭。換句話說，住在有錢的州會與投票給民主黨正相關。

　　然而統計學家格爾曼（Andrew Gelman）發現真實的狀況比布魯克斯描繪的更複雜。在布魯克斯筆下有那麼一群喝拿鐵、開油電混合汽車的新自由派人士，擁有品味優雅的大房子，手提塞滿鈔票的公視環保袋。事實上，有錢人還是比窮人更傾向於把票投給共和黨，這個狀況已經持續數十年之久。

　　格爾曼與合作者深深挖掘一州州的數據，找出非常有趣的模式。在某些州，像是德州與威斯康辛州，有錢的郡傾向於投給共和黨。在別的州，像是馬里蘭州、加州、紐約州，有錢的郡多投給民主黨。在後面這些州裡，剛好住了許多政治評論家。在他們的有限

世界裡，有錢的鄰里內到處都是自由派人士，所以他們很自然把這種經驗推論到全國。自然歸自然，但當你細看全國的數字時，會發現這根本就是錯誤的。

不過這裡好像有點古怪，既然有錢跟住在有錢的州正相關，這或多或少就是涉及定義的問題。住在有錢的州又跟投票給民主黨正相關，那不就是說有錢便必然與投票給民主黨正相關嗎？用幾何的話來說，假如向量 1 與向量 2 的夾角為銳角，向量 2 又與向量 3 的夾角為銳角，那麼向量 1 會不會必然與向量 3 的夾角為銳角呢？

不必然！以下圖為證：

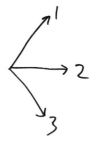

有些關係，像「比較重」，是可傳遞的。我比我兒子更重，我兒子比我女兒更重，那麼可以絕對確定我比我女兒更重。「住在同一個都市」也是可傳遞的。如果我與比爾住在同一個都市，比爾又與巴伯住在同一個都市，毫無疑問我會跟巴伯住在同一個都市。

相關不可傳遞

「相關」卻不是可傳遞的關係。它比較像「有血緣關係」，我跟我兒子有血緣關係，我兒子與我太太有血緣關係，但是我太太跟我卻並非血親。事實上，把相關的變數想像成「共享一部分 DNA」並不算太離譜。

假設我經營一家精品財務管理公司，全部只有三位投資者：蘿拉、莎拉、提姆。他們擁有的股票很簡單，蘿拉的基金一半買臉書、一半買 Google，提姆的基金一半買通用汽車、一半買本田汽車，莎拉是新經濟與舊經濟的騎牆派，一半買本田、一半買臉書。很顯然蘿拉與莎拉的投資報酬會是正相關，因為他們各有一半的投資對象相同。莎拉與提姆的投資報酬也有同樣強的相關。不過沒有理由應該認為，提姆的表現會與蘿拉相關。* 他們兩人的基金有如雙親，每人貢獻一半「遺傳物質」給莎拉的混血基金。

「相關」的非傳遞性既明顯又神祕。在共同基金的例子裡，你不會誤以提姆的表現上揚，能夠透露出蘿拉的表現。但是在別的領域裡，我們的直覺就可能會失準。來看看所謂「好膽固醇」的例子，好膽固醇是指血管裡流動的高密度脂蛋白，或簡稱為 HDL。數十年來都知道，血裡高濃度的 HDL 與降低「心血管事件」的風險有關。如果你不懂醫學行話，意思是說有很多好膽固醇的人，平均來講比較不會因心肌梗塞而亡。

我們也知道某些藥能夠有效提升 HDL 濃度。其中很受歡迎的

---

* 整個市場都同步波動的情況當然除外。

是維生素 B 群之一 ——菸鹼酸。假如菸鹼酸會增加 HDL，而較多的 HDL 會降低心血管事件的風險，那麼看起來去吃菸鹼酸應該是聰明的想法。我的醫生就推薦我這麼做，你的醫生說不定也做同樣的事，除非你是青少年、或跑馬拉松的人、或其他新陳代謝特別有效的族群。

問題是多吃菸鹼酸並不一定有用。在小規模的臨床試驗裡，菸鹼酸的補充劑令人感覺頗有前途。但是由美國國家心肺及血液研究所（NHLBI）執行的大規模試驗，在 2011 年就因為成效極微弱，不值得持續下去而喊停，比預定結束時間提早了一年半。服用菸鹼酸的病人，HDL 濃度確實有提升，但是他們得到心肌梗塞與腦中風的比例跟一般人一樣。為什麼會這樣？因為「相關」不可傳遞。菸鹼酸與高 HDL 相關，高 HDL 與降低心肌梗塞相關，然而那並不表示菸鹼酸能夠防止心肌梗塞。

不過這並非代表著操控 HDL 是死路一條。每種藥都不一樣，從臨床上來講，你用什麼方式提升 HDL 也許有關係。再回到投資公司的例子看看：我們知道提姆的報酬會與莎拉的相關，所以你有可能藉由改善提姆的獲利，從而改善了莎拉的獲利。如果你的方法是放出有利於衝高通用汽車股價的過度樂觀消息，你會發現提姆是好轉了，然而莎拉卻沒有討到便宜。如果你把同樣的把戲用在本田股票上，那麼提姆與莎拉就會雙雙獲利。

倘若「相關」可傳遞，醫學研究就會比現在容易多了。數十年的觀察與蒐集數據，我們掌握了一大堆可研究的相關事項。如果有傳遞性可言，醫生只需把它們連成一串，並做出可靠的介入醫療就好了。我們知道婦女的動情素與降低心臟疾病風險相關，我們又知

道荷爾蒙補充療法有助於提升動情素，那麼你有可能會期望用荷爾蒙補充療法來防治心臟疾病。

　　事實上，以前門診也經常這麼做。然而，你也許已經聽過真實狀況非常複雜。在 2000 年代初期，婦女健康促進計畫長時間大規模執行了臨床隨機試驗，對於他們研究的母體而言，用動情素與黃體素做荷爾蒙補充療法，看來反而會增加心臟疾病的風險。一些最新的研究成果認為，對於不同群組的婦女，荷爾蒙補充療法的效果可能會有差異。或者對你的心臟來說，單用動情素會比動情素與黃體素合併使用來得更好，以此類推。

　　在真實的世界裡，即使你知道很多關於某藥物對像 HDL 或動情素這類生物標記的作用，仍然幾乎無法預測此藥物作用於某疾病的效用。人的身體是極龐大的複雜系統，我們只能量度其中極少的特徵，更不要說想擺布它了。以我們觀察到的相關因素為基礎，會有非常多的藥物有可能達成治療效果。你把它們拿來一一加以實驗，大部分會失敗得很慘。在開發新藥領域裡工作，你需要堅忍不拔的心理韌性，更別提源源不斷的金援了。

不相關不是沒有關係

　　當兩個變數相關時，我們已經看過它們好歹彼此會有關連。但是如果它們不相關時，情況又如何？意思是說它們完完全全沒有關連，誰也影響不了誰嗎？高爾頓的「相關」觀念在某個重要方面是有限制的：它只偵測變數之間的線性關係，就是當一個變數增加時，傾向於同時間另一個變數成比例的增大或減小。就像是並非所有曲線都是直線，也不是所有的關係都是線性關係。

請看下面這張圖：

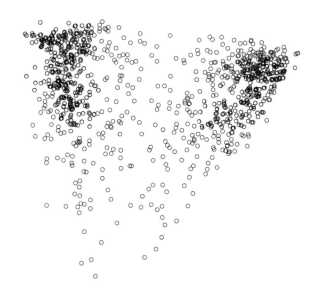

　　你現在看到的是，我根據 2011 年 12 月 15 日「公共政策民意調查」，畫出的一幅圖。圖裡有一千個點，每一點代表一位選民，他回應了民意調查的二十三條問題。一個點在從左至右軸線上的位置，正好表示他居左還是居右：那些說會支持歐巴馬總統、肯定民主黨、反對共和黨的人比較會在左手邊；那些喜歡共和黨、厭惡瑞德（Harry Reid，參議院民主黨領袖）、相信有場「聖誕節之戰」的人就會在右手邊。垂直軸代表的約略是「知情的程度」：趨於圖形底部的選民，對於需要較進入狀況的問題，例如：「你肯不肯定參議院共和黨領袖麥康諾（Mitch McConnell）的表現？」通常會答「不知道」，而且對於 2012 年總統大選沒什麼感覺，甚至毫不興奮。

　　你可以檢驗兩個軸線分別量度的變數不相關，* 其實目測就能感覺出來，當你把目光向上移動，各點不會漸趨左方或右方。不過這並不表示兩個變數彼此毫無關係。其實，從圖形能看出一些端倪。描繪出的點構成一個「心形」，左右各一瓣，底端有一個點。當選民得到的訊息愈多，民主黨或共和黨黨員並沒有變得更多，反而是原本的人變得更兩極：左翼的更往左走，右翼的更往右走，而居中人口稀疏的地帶更形稀疏。在圖的下半部，掌握訊息不多的選民反而多採取中間立場。這幅圖反映了該讓人清醒的社會實況，其實在政治科學文獻裡早已是普通常識。大體來說，未決定的選民之所以未決定，並不是因為他們不願受政治教條的偏見影響，小心衡量各個候選人的優缺點，而是因為他們幾乎沒在注意這件事。

　　數學工具就像其他科學工具一樣，能偵測到某類現象，卻不能偵測到別類現象。計算「相關」無法看到散布圖的心形（或稱心臟形？），正如你的照相機也沒能力偵測到伽馬射線。當你知道自然界或社會裡的兩種現象不相關，請把這件事放在心上：這並不意味兩者毫無關係，只是不存在「相關」的原始設計中，想偵測的那類關係罷了。

---

* 給會關心的讀者技術上的說明：此圖是民意調查答案的主成分，分析在二維空間的投影，所以兩軸之間不相關是自動得來的。關於兩軸的解釋是我杜撰的，此例只是用來強調「相關」的某種要點，因此絕不應該在任何狀況下當成實際的社會科學！

第 16 章

肺癌令你抽菸嗎？

兩個變數確實相關時又如何？它的意義到底是什麼？

想讓這件事簡單一點，就從最簡單的變數開始討論，也就是只會取兩種可能值的二元變數。通常二元變數是「對或錯」問題的答案，例如：「你已婚了嗎？」「你現在或曾經是共產黨員嗎？」

當你比較兩個二元變數時，「相關」會以特別簡單的形式表現。例如：「婚姻狀態」與「抽菸狀態」為負相關的意義，簡單來說就是，比起一般人，已婚的人較不會去抽菸。或用另一種說法，比起一般人，抽菸的人較不會是已婚者。這裡值得花一點時間來說服自己，上面兩種說法確實是同一件事！第一個命題可以寫成不等式的形式

已婚抽菸者／所有已婚者 < 所有抽菸者／所有人

第二個說法是

已婚抽菸者／所有抽菸者＜所有已婚者／所有人

如果你在每個不等式的兩邊乘上公分母（所有人）×（所有抽菸者），你就能看出兩個命題只是用不同的方法講同一件事：

（已婚抽菸者）×（所有人）＜（所有抽菸者）×（所有已婚者）

類似的道理，如果抽菸與婚姻正相關，那麼已婚的人比一般人更可能抽菸，而抽菸的人比一般人更容易已婚。

我們馬上會遭遇一個問題。已婚人士裡抽菸的比例與全體人口裡抽菸的比例，兩者完全相等的機會非常小。如果排除這個極不可能的巧合，婚姻與抽菸總會相關，也許正相關，也許負相關。同理也會發生相關的還有：性取向與抽菸、美國公民與抽菸、名字縮寫頭一個字母在二十六個字母表的後半與抽菸等等。每一件事都能夠與抽菸相關，不是正就是負。同樣的問題我們在上冊第 7 章也遇過，嚴格來說，虛無假設幾乎總是錯的。

舉手投降，承認「每一件事都跟另外每一件事相關」，就太沒意思了。所以我們不會報導所有這類「相關」。當你讀到一份報告說，某事與某事相關，不言而喻「相關」是足夠強烈而值得拿出來報導——通常是已經通過統計顯著性檢定。然而我們也看過，統計顯著性自身也會帶來許多危險，但是好歹是一種訊號，會讓統計者坐直了，專注起來然後說：「一定有些玩意兒在發生。」

到底什麼玩意兒在發生？我們來到了最容易搞混的地方。婚姻與抽菸是負相關，這是一項事實。一種代表性的說法如下：

如果你抽菸，你不太會是已婚者。

（If you're a smoker, you're less likely to be married.）

然而小小更動一下說法，意義就會大不相同：

假設你有抽菸，你就不太會是已婚者。

（If you were a smoker, you'd be less likely to be married.）

看起來有點奇妙，把句子從直述句改為假設語氣，講的事就急遽改變。第一句只是關於真實狀況的陳述，第二句就涉及更為細膩的問題：如果我們改變了世界裡的某些事物，那狀況可能有什麼變化？第一句表示的是相關，第二句暗示了因果。我們早已講過，兩者大相逕庭。抽菸的人較不可能結婚，意思並不是一旦戒菸，未來的配偶就一擁而上。拜一世紀前高爾頓與皮爾生所賜，「相關」的數學根基差不多已經穩固。奠定「因果」的數學基礎卻一直難以捉摸。*

相關不等於因果

我們對「相關」與「因果」的理解，有某些難以掌握之處。你的直覺在某些場合很能清楚掌握，但是有時又發生不了作用。當我們說 HDL 與降低心臟病風險相關時，我們在做一個事實陳述：「如

---

* 不過仍可參看加州大學洛杉磯分校的珀爾（Judea Pearl）的貢獻，那是當代最著名之探討形式化「因果」的核心。

果你有比較高的 HDL，那麼你比較不會發生心肌梗塞。」這樣很難不讓人聯想到 HDL 做了什麼——從字面上，這些分子能改善你的心血管健康狀況，譬如說，把你血管壁上的油脂塊「刷洗掉」。如果真的是那樣，只要有大量 HDL 出現就能讓你得到好處的話，那麼就可以合理期望任何能增加 HDL 的方法，都會減低你得心臟病的風險。

但是 HDL 與心臟病相關的理由，有可能根本是另一回事。譬如有某種我們並未測量過的因子，可能可以同時提升 HDL 又降低心血管疾病。如果這是真實狀況，提升 HDL 的藥物既有也沒有可能避免心肌梗塞。如果藥物是經由那個神祕的因素影響到 HDL，那就可能讓你的心臟受益。但是如果它是以其他途徑提升 HDL，那麼就別打賭了。

上一章提到的提姆與莎拉的情形亦復如此。他們的財務成功與否彼此相關，但那不是因為提姆的基金致使莎拉增值或貶值。那是因為一個神祕因素（本田股票）會同時影響提姆與莎拉。臨床研究者稱此為替代結果變數（surrogate endpoint）問題。通常檢定藥物能不能延長平均壽命，既費時又耗費金錢，因為要記錄某人的壽命，你必須等到他過世。HDL 濃度是替代結果變數，因為它是容易檢定的生物標記，而且可以代表「長壽且無心臟病」。但是 HDL 與沒有心臟病的相關，卻有可能不表示任何因果關係。

想要用檢定來分辨「相關」是來自「因果」，還是與「因果」無關，簡直就是會讓人抓狂的困難問題。即使你原以為答案應該顯而易見的情況，像抽菸與肺癌間的關係，也並不單純。剛進入二十世紀時，肺癌是極為罕見的疾病。但是到了 1947 年，英國死於癌

症的男性中,有五分之一是肺癌患者。比幾十年前肺癌致死的人數,增加了十五倍。剛開始許多研究者以為只是因為檢查肺癌的方法大有進步,然而很快大家就明白,增加的數量太多太快,造成的因素不可能只是這一項。肺癌真的在不斷上升,但是沒人能確認該怪罪誰。也許是工廠的煙霧,也許是汽車廢氣增多,也許是哪種還沒指認出是汙染源的物質。或許就是抽菸,因為在同一時期抽菸的流行程度大暴發。

癌症導致抽菸?

到了 1950 年代早期,英國與美國的大規模研究顯示,抽菸與肺癌有高度相關。在不抽菸的人群裡,肺癌還是罕見疾病,但是對於抽菸的人,風險就驚人的高出許多。1950 年一篇道爾與希爾合作的著名論文發現,在倫敦二十家醫院裡的六百四十九位男性肺癌病人中,只有兩位不抽菸。以現在的標準來看,這並不是特別驚人。在上個世紀中的倫敦,抽菸是極流行的嗜好,不抽菸的人比現在少很多。即使如此,六百四十九位男性病人中,非因肺癌住院的族群裡,有二十七位是不抽菸的,遠多於兩位。更進一步看,菸抽得愈兇,相關就愈強烈。在肺癌病人中,有一百六十八位每天抽菸超過二十五支,而在非肺癌住院病人中,只有八十四位抽得同樣兇。

道爾與希爾的數據顯示,肺癌與抽菸兩者相關,它們並非單一決定性的關係(有些老菸槍並沒有得到肺癌,有些不抽菸的人反而得到肺癌),但又不是全然獨立的。它們置身的模糊中介區域,正是高爾頓與皮爾生最想釐清的地方。

　　只斷言有相關跟提出一番解釋，兩者大有差別。道爾與希爾的研究並沒有證明抽菸導致肺癌，他們寫道：「假如肺癌細胞導致人們抽菸，或肺癌與抽菸都是某項共同原因的結果，這種關連性都會出現。」他們也指出，由肺癌導致抽菸是不太合理的推論；腫瘤不會在時間上倒退回去，讓某人染上一天一包菸的習慣。但是關於共同原因的問題，更令人困惑。

　　我們的老朋友費雪身為現代統計學的奠基英雄，以同樣的理由強烈懷疑所謂的「菸草─癌症」連結。費雪自然繼承了高爾頓與皮爾生的智識；事實上，他在 1933 年接任了皮爾生在倫敦大學學院的高爾頓優生學講座教授的位置。（有鑑於現代人對優生的敏感，這個職位已改名為高爾頓遺傳學講座教授。）

　　費雪甚至認為把「癌症導致抽菸」理論排除，也有些草率：

　　在病人表現出肺癌明顯症狀前，造成腫瘤的條件必然而且已知會存在多年，有沒有可能這種狀況是導致抽菸的原因之一呢？我不認為應該加以排除。我也不認為我們已經知道夠多，可斷言確有其事。造成腫瘤的狀況一定會涉及某種程度的輕微慢性發炎。會抽菸的原因可以從周邊朋友裡看出一些端倪，我想你會同意一旦發生些許煩心的因素，譬如：輕微的失望、未預期的遲滯、有人頂嘴，或感到挫折，常常就會抽一根菸，替生活中的小小不爽換得一絲補償。因此，任何人如果身上有地方慢性發炎（但還沒到疼痛的程度），不見得不可能與經常抽菸相連結，或造成他去選擇抽菸而非不抽菸。在一個人於十五年間逐步走向肺癌的歷程裡，抽菸也許是真正能獲取慰藉的舉措。從令人同情的傢伙手裡奪走香菸，簡直跟

從盲人手中奪走白手杖一樣。會使本來已經不快樂的人,變得比應有的不快樂程度更加不快樂了。

此處能看見傑出又嚴謹的統計學家,要求所有的可能性都得到公平的考量,也流露出終身老菸槍對自己習慣的偏愛。(有些人還認為費雪擔任英國工業界組織「菸草製造業常務委員會」的顧問,影響了他的立場;從我的觀點來看,費雪不情願斷言因果關係,其實跟他的統計立場一致。)費雪暗示,道爾與希爾樣本裡的男性,有可能是因為腫瘤產生前的發炎而抽菸,這種想法始終沒有得到重視,不過他論證可能存有共同原因的觀點,得到較多的關注。

費雪不愧他的頭銜,確實是虔誠的優生學者,他相信遺傳差異決定了我們命運中健康的部分,在這個演化寬容的時代裡,血統優良的人有巨大的危機,可能會與血統低劣的人繁衍後代。從費雪的觀點來看,非常自然會想像有一種尚未測量出來的公共遺傳因子,同時存身於罹患肺癌與傾向抽菸這兩件事的背後。這種觀點好像有些太具揣測性,不過請記住,在當時抽菸會致癌的前因後果也是一團迷霧,實驗室裡還沒有找到菸草有任何化學成分會導致腫瘤。

有一個漂亮的辦法能檢定遺傳如何影響抽菸,就是拿雙胞胎來當研究對象。如果雙胞胎同時都抽菸或都不抽菸,我們就稱其為「相配」。你可能會預期「相配」十分常見,因為雙胞胎一般都成長於同一家庭,有相同的雙親,文化條件也一樣,而預期確實也是正確的。不過同卵雙胞胎與異卵雙胞胎都置身於程度一致的共同因素,如果同卵雙胞胎比異卵雙胞胎更容易相配,就是遺傳因子會影響抽不抽菸的證據。在費雪未發表的論文裡,呈現了某些小規模的

結果確實有這種效應。近代更多的研究佐證了他的直覺：抽菸看起來會受制於某些遺傳效應。

當然，那並不是說那類基因就是日後讓你得肺癌的源頭。我們現在已經知道很多關於癌症以及菸草之間的關係，抽菸會導致癌證已經不再有嚴重爭議。然而也不能完全不同情費雪那種「讓我們別太毛躁」的研究態度。對「相關」心存疑義是好的。流行病學家范登布洛克（Jan Vandenbroucke）寫到關於費雪論菸草的文章時說：「讓我很吃驚的是，這篇文章寫得非常好又具有說服力，以其無懈可擊的邏輯，以及對於數據與論證的清晰表述，應該可以成為教科書內的經典範本。唯一可吹毛求疵的是，作者沒有站到正確的一方。」

科學界爭鋒相對

經過 1950 年代，科學界對於肺癌與抽菸問題的見解，逐漸出現共識。確實，抽香菸導致癌症的生物機制尚未明確，抽菸與癌症的連結，也沒有一個不是由觀察而來的。但到了 1959 年，觀察到大量的相關，也排除了許多可能的混雜因子，使美國聯邦衛生署長（U. S. Surgeon General）伯尼（Leroy Burney）樂意斷言：「目前的證據足以顯示，抽菸是肺癌病例增加的主要因素。」

這種立場在當時並非毫無爭議。《美國醫學協會期刊》（*JAMA*）的主編陶波特（John Talbott），幾週後於期刊的社論提出反駁：「不少權威人士在檢查過伯尼引用的證據後，不能同意他的結論。無論抽菸理論的支持者或反對者，都還沒有蒐集到足夠證據，來支持一種全有或全無的權威立場假設。在具決定性的研究完成之前，盡責

的醫生應該密切注意情況的發展,與時俱進掌握事實,然後以他評估的事實為基礎,給予病人最好的忠告。」陶波特就像之前的費雪,指控伯尼及其同路人,從科學立場來講有點太超過了。

這場爭論有多激烈,甚至科學機構內部都烽火相對,醫學史家哈克尼斯(Jon Harkness)都以卓越的作品清楚記錄下來。他翻遍文獻堆整理出的研究發現,聯邦公共衛生署長簽署的警語,其實是由公共衛生署裡一大群科學家聯合執筆,反而伯尼自己並沒怎麼直接涉入。至於陶波特的回應也是出自代筆,而且是來自公共衛生署裡另一批競爭對手!一場表面看起來像是政府官吏與醫界大頭的打鬥,其實是科學家內部鬥爭投射在公眾屏幕上。

我們全都知道這個故事的結局。伯尼的繼任者泰瑞(Luther Terry),在 1960 年代初期召集有關抽菸與健康的特別工作委員會,1964 年 1 月在全國新聞報導下,發表了他們發現的事實,用語讓伯尼顯得像膽小鬼:

有鑑於從很多來源持續蒐集到愈來愈多證據,本委員會斷言,抽菸相當程度提高某些特定疾病死亡率以及總體死亡率⋯⋯**抽菸對健康的危害,在美國已經事關重大到值得採取適當的補救行動**〔黑體字為原版報告所使用〕。

什麼東西有改變?到了 1964 年,各種的研究都一致顯示抽菸與癌症的關連。比起菸癮小的人,菸癮大的人罹患癌症的例子更多,癌症更有可能病發在菸草與人體組織相接觸的地方;抽香菸的人較多罹患肺癌,抽菸斗的人較多罹患唇癌。比起持續保留抽菸習

慣的人，戒菸的人較不易罹患癌症。所有因素統整在一起，才讓特別委員會推出結論說，抽菸不僅是與肺癌相關，根本是導致癌的原因，因此降低菸草消費量的努力，極可能延長美國人的壽命。

犯錯並不總是錯的

在另一個宇宙，菸草的後期研究有了不同的結果，我們發現費雪的老掉牙理論居然是正確的，抽菸是罹患癌症的後果而非原因。機會雖低，但會是醫學裡最大的逆轉。然後又該怎麼辦？衛生署長應該發布新聞通告：「抱歉！現在大家可以回去抽菸了。」但在那之前，菸草公司會損失慘重，上百萬的抽菸者會遭剝奪幾十億根快感香菸。全都是因為錯把一項有強力支持的假說，當做事實來公布。

但還有甚麼其他選擇？想像你該如何做才能獲得絕對保證，真正知道抽菸導致肺癌。你需要召集一大群青少年，隨機挑出一半的人，強迫他們在未來五十年間按照固定時間表抽菸，另一半的人則絕對與香菸隔絕。早期研究抽菸的先驅孔恩菲爾德（Jerry Cornfield）稱呼這樣的實驗「有可能構思，卻不可能執行」。即使這樣的實驗在規劃設計上是可能的，但這會違反現存所有關於人體研究的倫理規範。

公共政策制定者不像科學家，他們沒有權力享有不確定性，只能以現有的訊息為基礎，做出最好的猜測並且定下決策。當這個系統有用，就像菸草案例裡毫無疑問的結果，科學家與政策制定者就會協同工作：科學家估算我們應該有多少未定數，而政策制定者在標出的不確定性下，決定該採取什麼行動。

有時候這樣會產生錯誤。我們已經碰過荷爾蒙補充療法的案

例，長時間以來基於觀察到的相關性，都以為它會保障更年期後的婦女不致有心臟病。不過根據後來的隨機實驗，當前醫生的建議跟從前或多或少相反。

在 1976 年以及 2009 年，美國政府都曾針對豬流感啟動大規模且耗費金錢的疫苗接種運動，那是因為流行病專家每次都提出警告，主要菌株非常可能造成災難性的瘟疫。事實上，兩次流感雖然嚴重，但都距離造成災難的程度還十分遙遠。

很容易去批評政策制定者在這類情境中，讓決策的腳步超前科學太多。但是事情並非那麼簡單。犯錯並不總是錯的。

完全確定前，就該給建議

這怎麼可能？用類似 Part III 裡的期望值計算，很快就可以把看似矛盾的口號解密。

假設我們考慮推出一項健康方面的建議，譬如說，人們應該停止吃茄子，因為茄子有引起某種突發致命心臟衰竭的小風險。這項結論的基礎來自一系列研究，都發現吃茄子比不吃茄子會稍微增加無預警猝死的機會。然而不太有可能進行大規模在控制下的隨機檢定，讓一部分參與者必須吃茄子，另一部分絕對不能吃。我們必須以手頭上現有的訊息來判斷，而那些訊息又只代表相關而已。就我們所能知道的訊息而言，愛吃茄子與心臟衰竭似乎有共同的遺傳基礎，但卻無法完全確定。

或許我們有 75% 確信結論是對的，從而推動拒吃茄子使每年可以減少一千位美國人死亡。然而我們也有 25% 的機會得到錯誤結論，如果結論真的錯誤，我們會使許多人放棄原本愛好的蔬菜，

讓他們去吃整體來講較不健康的飲食，造說每年多死兩百人之類的
情況。*

　　像以往一樣，把每項結果乘上相應的機率再加總起來，就可得
到期望值。在本例中，我們發現

$$75\% \times 1000 + 25\% \times (-200) = 750 - 50 = 700$$

　　所以我們建議的期望值是每年可救七百人。我們不管「茄子商
會」聲音大、本錢足的抱怨，也不管不確定性真實存在，我們就是
向大眾公開。

　　請記住：期望值並不是照字面上那樣，代表我們預期會發
生的值，而是當同樣決策反覆不斷執行後，我們期望發生的平均
值。公共衛生的決策並不像丟擲錢幣，它是你只能做一次的事。
換一個角度來看，茄子也不是我們唯一被要求去評估的環境危險
因素。也許我們下回會注意到花椰菜與關節炎有關連，或電動牙
刷與自閉症有關連。假如不管怎樣，積極介入可以每年救七百條
生命，我們應該介入，而且平均而言，可預期救七百條生命。針
對每一個個案，我們也有可能為惡大於為善，但是從整體來看，
我們會救不少條命。正像第 11 章中，「向下滑」日子的樂透玩
家，我們冒著在任一特定開獎日會損失的風險，但是幾乎可保證
在長時間後勝出。

　　假如我們自我要求遵守更嚴格的證據標準，只要沒有完全確定

---

* 這個例子裡的數字純屬杜撰，並未考量是否可能為真。

是正確的，就拒絕發出任何這類建議，那麼原可拯救的生命就會因此喪失。

如果我們有能力針對健康謎題分派精準客觀的機率，那當然好得不得了，但是我們當然做不到。藥物與人體的互動畢竟跟丟擲錢幣或投注樂透號碼有所區別。跟我們夾纏不清的是凌亂模糊的機率，反映了我們對各樣假說的信念程度，然而這種性質的機率正是費雪大聲否認是機率的東西。所以我們不會，也不可能知道啟動反對吃茄子、電動牙刷或菸草的精確期望值。

讓我們再重複一遍，這並不意味反對運動必然有好結果，只意味把所有類似運動加總，並且經歷長時間，為善的機會可以高過為害的機會。不確定性的本質使我們不知道哪一種選擇有助益，例如禁菸；或者會發生傷害，例如建議荷爾蒙補充療法。

但有一件事可以確定：用可能出錯為理由避免做任何建議，會是失敗的策略。這非常類似斯蒂格勒對於趕不上飛機的建議。如果在完全確定對之前，你都不肯給建議，那你就是沒有給出足夠的建議。

伯克森謬誤

相關性可以從看不見的共同原因觀察到，已經夠令人困惑了，但那並不是故事的終點。「相關」也可來自共同的「後果」，這種現象稱為伯克森謬誤，是以醫學統計學家伯克森命名的。在《數學教你不犯錯》上冊第 8 章，伯克森解釋過，盲目相信 p 值會導引你得出，包括一位白化病患在內的一小群人都不是人的結論。

伯克森自己就像費雪一樣，強烈懷疑菸草與癌症的關連。他擁

有醫學博士學位，是老派流行病學的代表人物，對於任何獲得統計證據多於醫學證據的說法，都抱持很深的疑慮。他覺得這類說法代表天真的理論家誤闖了醫療專業領域。他在 1958 年寫道：「癌症是生物問題而非統計問題。統計在解說方面有輔助作用，但如果生物學家允許統計學家變成生物問題的仲裁者，就無可避免的會發生科學災難。」

讓伯克森特別感覺困擾的是，菸草不僅被發現與肺癌相關，也跟成打的其他疾病相關，會影響到人體的每一個系統。伯克森認為，菸草徹底有毒這個概念，完全難以置信：「這有點像研究一種原來有跡象可以治療感冒的藥物，結果發現它不僅能減輕傷風，還能治療肺炎、癌症以及許多其他疾病。身為科學家應該會說：『這種研究法一定出了什麼問題。』」

伯克森也像費雪那樣，比較願意相信「體質假說」，也就是主張抽菸與不抽菸的人之間，存在先天的差異，以此解釋不抽菸的人相對來說較為健康：

假如人口裡 85% 到 95% 都是抽菸者，少數不抽菸的人表面上看來應屬於特殊體質。他們平均來說較長壽並非不合理，如此又會導出這部分人口的死亡率一般而言相對較低。無論如何，這一小群人能夠成功抵抗香菸廣告不停的誘騙與制約，實為頑強的一群。如果他們能頂得住這些攻擊，要抵擋住肺結核甚至癌症，應該不會有多大的困難！

伯克森也質疑道爾與希爾針對英國醫院裡的病人做的研究，他

在 1938 年觀察到，用這樣的方法挑選病人，會產生一些相關性的假象。

舉例來說，假設你想知道高血壓是不是引起糖尿病的危險因子。你可以拿醫院病人做一次調查，目的是要瞭解在沒有得糖尿病的人與得糖尿病的人之間，哪一類裡較多人有高血壓。結果讓你吃了一驚，有糖尿病的病患中反而較少人有高血壓。你有可能做結論說，高血壓會保護人避免得糖尿病，或至少是避免糖尿病症狀厲害到必須住院。但是在你勸導糖尿病人增加消耗口味偏鹹的點心之前，不妨考慮下面的表：

1,000 人的人口總數
300 人有高血壓
400 人有糖尿病
120 人既有高血壓也有糖尿病

假設在我們鎮上有一千人，30% 有高血壓，40% 有糖尿病。（我們的鎮民既愛鹹點又愛甜點。）讓我們再進一步假設，兩種疾病彼此沒有關係，所以 400 位糖尿病患中有 30%，也就是 120 人，同時患有高血壓。

若鎮上所有的病人都住進醫院，醫院裡的病人組成狀況就會是

180 人有高血壓但沒有糖尿病
280 人有糖尿病但沒有高血壓
120 人同時有高血壓與糖尿病

　　醫院裡總共有 400 人患糖尿病，其中 120 人（30%）有高血壓。但是醫院裡那 180 位沒有糖尿病的人，100% 是高血壓病患！要是從這裡推論出，高血壓能讓你避免糖尿病，那簡直是荒唐。兩種病情是負相關，但絕不是因為一種能致使另一種缺席。也不是因為存在隱藏的因子，既能提升血壓又能調控胰島素。道理其實在於兩種病情有一個共同的後果——就是都把你送進了醫院。

　　換一種方式來說明：如果你住進醫院，你必然是有什麼病情。假如你不是患了糖尿病，就會使高血壓成為更可能的因素。所以乍看之下，這像是高血壓與糖尿病之間的因果關係，其實只不過是統計的幻象。

　　後果也有可能產生相反的作用。在真實生活裡，得了兩種病比得了一種病更容易去住院。也許鎮上 120 位既有高血壓又有糖尿病的人全住進了醫院，但是 90% 只有一種病而相對比較健康的人留在家裡。此外，會有別的理由讓人住院，例如：每年第一場雪花飄落，不少人推出除雪機來清理，結果一不小心切掉了手指頭。所以醫院裡病人的組成狀況如下：

10 人既無糖尿病也無高血壓，但有一根斷指

18 人有高血壓卻無糖尿病

28 人有糖尿病卻無高血壓

120 人既有高血壓又有糖尿病

　　現在當你進行醫院研究時，你發現在 148 位糖尿病患者中的

120 位（81%），同時有高血壓。但是在 28 位沒有糖尿病的病人裡只有 18 位（64%），有高血壓。這樣看起來好像高血壓會讓人更有機會得到糖尿病。然而再一次，這是假象；我們量度的是已經住進醫院的人，絕對不是從鎮民裡隨機挑選的樣本。

為什麼帥哥都是混球？

伯克森謬誤可以運用在醫療領域之外；事實上，即使在能精確量化特徵的國度之外，它也能運用。你也許會注意到，在你約會圈裡的男性 *，長得帥的經常不夠友善，而友善的又往往不夠帥。會是因為臉形對稱就性格粗暴嗎？或是說，因為對人友善而使長相醜陋呢？不能說絕無可能，不過並不必然如此。下面我畫出「男性的大方塊」：

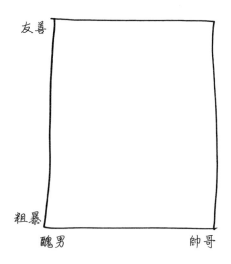

---

* 或當然也可用「任何你喜歡的性別」取代「男性」。

我同時採納一項暫時性假設：所有男性均勻分布在這個方塊裡；特別是裡面有友善的帥哥、友善的**醜男**、粗暴的帥哥、粗暴的**醜男**，每類人都有，且數量平均。

然而友善與帥氣會產生相同後果，就是能使這些人進入你會注意到的那群裡。講老實話，你從來也不想多瞧粗暴的醜男一眼。所以在「大方塊」裡有一個「可以接受男性的小三角形」：

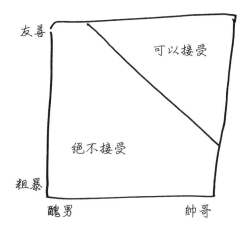

現在現象的來源就清楚了。在你的三角形裡面，帥哥涵蓋各種個性，從最友善的到最粗暴的都有。平均來看，他們的友善程度跟全體人口的平均友善程度並無二致，也就是坦白說，並非這麼友善。同樣的道理，最友善的男人長相也一般而已。你喜歡的醜男，雖然只占據三角形的一個小角落，倒是相當友善。他們非友善不可，否則你根本看不到他們。在你的約會圈裡，長相與個性的負相

關是絕對的真實。但是如果你想教導男友以行為粗暴來改良面貌，你就成為伯克森謬誤的犧牲者了。

文學界的勢利眼也以同樣道理來運作。你知不知道暢銷小說經常很難看？那並不是因為社會大眾不能鑑賞好品質，而是因為有一個「小說大方塊」，你聽說過的小說都落入「可接受的小三角形」，它們是暢銷或是寫得好的小說。如果你迫使自己閱讀隨機選出的非暢銷小說（我曾經擔任過文學獎的評審，所以幹過這種事），你會發現它們跟暢銷書一樣，大部分都爛得很。

當然，「大方塊」還是過分簡單。你量度如何品評男友，或挑選每週閱讀清單，不會只有兩個維度，而應有許多維度。所以最好把「大方塊」描繪成「大超立方」，而且那還只包容了你個人的偏好而已！如果你嘗試瞭解全體人群的狀況，你就必須強迫自己承認，不同的人對吸引力的定義並不相同；他們對於各種條件占的比重會有出入，甚至會有互不相容的偏好。

從許多人那裡集結意見、偏好以及慾望，構成另一類困難的問題。這也就意指應該有更多數學派上用場的機會，那麼就請聽下回分解吧！

PART V
存在性的真實意義

第17章

沒有民意這種東西

你是美利堅合眾國或其他多少算是自由民主國家的好公民，你甚至可能是民選的官員。你認為政府應該盡可能尊重人民的意志。所以你想知道：人民要什麼？

有時候你就算拚命做民意調查，真相還是難以確定。舉例來說：美國人喜歡小政府嗎？啊，我們當然喜歡啦，我們不是無時無刻不這麼說嗎？2011 年 1 月 CBS 新聞做了一次民調，回收的問卷中有 77% 認為，處理聯邦預算赤字最好的辦法就是削減支出，只有 9% 的人偏愛加稅。這種結果並不是最近緊縮政策當道的後果，年復一年，美國人民寧可取消政府計畫，也不願多繳稅金。

但是該取消哪些政府計畫？那就是情況變得棘手的地方。美國政府會花錢的地方，其實是人民有所喜好的地方。2011 年 2 月皮尤研究中心（Pew Research Center）做了一項民調，詢問美國民眾關於政府支出中十三個範疇的意見：其中有十一個範疇，不管有沒有赤字，較多的民眾樂見增加而非降低支出。僅有援外與失業保險兩

個範疇挨了刀斧，其實兩者合起來，在 2010 年還不到政府支出的
5%。這個結果也與多年來的狀況相符，一般美國人總是熱中砍掉
援外經費，偶爾也能容忍削減社福與國防經費，對於稅金支持的其
他每一項計畫，幾乎都同心協力的希望加大支出。

　　唉呀！我們還想要小政府呢！

充滿矛盾的民調

　　在州政府的階層有同樣的矛盾現象。回答皮尤問卷的人，一
面倒的贊成結合削減計畫與增加稅收來平衡州政府預算。下一個問
題：要不要砍教育、健保、交通、年金的經費？或要不要增加營業
稅、州所得稅、企業稅目？沒有任何單一項目獲得大多數的支持。

　　經濟學家布卡普蘭（Bryan Caplan）寫道：「對於這些數據最真
切的解讀就是，公眾想吃免費的午餐。他們希望政府能少花錢，
但又不要動到任何主要功能。」諾貝爾經濟獎得主克魯曼（Paul
Krugman）說：「人民要削減開支，但是除了援外經費，反對削減
其他項目……不可避免的結論就是：共和黨獲得授權去撤銷算術法
則。」

　　2011 年 2 月哈里斯民調的總結報告，以更生動的語氣描述公
眾對預算問題的這種自我否定態度：「許多人看來像是要砍倒森
林，但又要保留樹木。」這是一幅難以恭維的美國民眾肖像。我們
要嘛是嬰兒，沒能力理解削減預算無可避免會傷及我們支持的計
畫；或者我們是冥頑不靈又不講道理的孩童，雖然懂得其中的數
學，但是拒絕接受事實。

　　民眾不講道理時，你如何能夠知道民眾到底想要什麼？

講理的人民，不講理的國家

讓我杜撰一個例子來替美國人民講點話。

假設有三分之一的選民認為，我們應該以提高稅收而非削減支出來對付預算問題；另外三分之一認為我們應該削減國防支出；剩下三分之一認為，我們應該狠狠的大砍聯邦醫保福利。

每三人中有兩位贊成削減支出，如果民調的問題是：「我們應該削減支出還是增加繳稅？」主張削減的人會以 67 對 33 大幅度領先。

那麼該砍哪個項目？如果你問：「我們該不該砍國防預算？」你會聽到一個大聲的「不該」。贊成加稅與砍聯邦醫保福利的人合起來占了三分之二，他們也都願意保住國防預算。如果你問：「我們該不該砍聯邦醫保福利？」也會以同樣比例失敗。

這又是我們在民調上熟悉的自相矛盾現象：我們要砍預算！但

是我們又要每項計畫保持既有經費！我們是怎樣鑽進這樣的死胡同呢？並不是因為選民愚蠢或得了妄想症。每一位選民都有完美、合理並且具連貫性的政治態勢。但是聚集到整體之中，他們的立場就有點荒唐了。

你挖掘了過去的民調數據，就可看出我杜撰的例子與事實相去不遠。只有 47% 的美國人相信，要平衡預算，就必須削減某些幫助與他同類人的計畫。只有 38% 的人同意，需要砍掉某些有價值的計畫。換句話說，幼稚的「一般美國人」，那種既主張削減支出，又強勢要求保存每個計畫的人並不存在。一般美國人認為，有許多沒價值的聯邦計畫在浪費人民血汗，願意把它們放到砧板上砍到收支平衡為止。問題在於哪些計畫毫無價值，難以取得共識。大體來說，那是因為多數美國人認為，自己能受益的計畫，才是該不計成本必須保留的。（我沒說過我們不自私，我只說過我們不愚蠢！）

「多數決」的方法簡單漂亮又讓人感覺公平，然而它能發揮最大功效的地方，是在兩個選項之間取其一。一旦選項超過兩個，會有矛盾偷偷滲入多數所偏好的選項。在我落筆的時候，對於歐巴馬總統最得意的內政成績「可負擔健保法案」，美國人意見分歧得非常厲害。

根據 2010 年 10 月公布的一項民調，有 52% 回答問卷的人表示反對，而只有 41% 的人支持。這對歐巴馬來說是壞消息嗎？一旦你把數字分析開，就不會是了。有 37% 的人傾向直接撤銷健保改革，另有 10% 的人說應該削弱法條；但是寧願什麼也別變動的有 15%，還有 36% 表示，應該把現有的健保系統加以擴充，使得「可負擔健保法案」有能力做得比現在更多。看來反對該法案裡的

許多人，是站在歐巴馬的左邊而非右邊。現在（至少）存在三種選擇：不要動健保法、砍掉它、加強它。反對任何一種選擇的美國人都居於多數。*

多數決的不一致性會造成許多誤解的機會。如果福斯新聞來報導上面的民意調查結果，可能會說：

多數美國人反對歐巴馬健保！

但是 MSNBC 就可能報導成：

多數美國人要保留或強化歐巴馬健保！

這兩條頭版標題傳達的公眾意見非常不同。但令人苦惱的是，兩者都對。

但是兩者也都不完整。觀察民意的人如果渴望不犯錯，就必須把調查的選項逐一檢驗，看看還能不能分解成不同顏色的片段。是不是全民中有 56% 對於歐巴馬總統的中東政策不滿？這個令人印象深刻的數字，可能會包括不得為石油流血的左派，也可能包括給他們吃原子彈也行的傢伙，中間還夾雜著極少數走布坎南（Pat Buchanan）路線的人，以及虔誠的古典自由主義者。對於人民真正想要什麼，數字本身其實什麼也沒說。

---

* 付梓時新增：CNN/ORC 在 2013 年 5 月做的民意調查顯示，43% 的人支持「可負擔健保法案」，35% 說太寬鬆，16% 說不夠寬鬆。

選舉有蹺蹺

　　選舉看來是比較容易的情形。民意調查員給的是簡單的二元選擇，跟你在投票所面對的問題一樣：1 號候選人，還是 2 號候選人？

　　然而有時，候選人會超過兩位。1992 年總統大選，柯林頓獲得 43% 的選民票，領先老布希的 38%，以及裴洛（H. Ross Perot）的 19%。從另一個角度來講，多數選民（57%）認為克林頓不該當總統。多數選民（62%）認為老布希不該當總統，絕對多數的選民（81%）認為裴洛不該當總統。三種多數不可能同時感到滿意，其中一種多數是無決定力的。

　　上面的現象看起來還不是什麼恐怖問題，你可以讓得票最高的人當選總統，除了還要經過「選舉人團」這道手續外，基本上美國選舉制度就是這麼辦的。

　　如果把那 19% 投給裴洛的選民再加以分析，其中 13% 認為老布希是次佳人選，而克林頓則是三人中最糟的。[†]而有 6% 的人認為克林頓是兩大黨候選人裡較好的一位。如果你直接問選民偏愛由老布希還是克林頓當總統，會有 51% 的多數挑選老布希。在這種情形下，你還會認為民眾想要克林頓入主白宮嗎？或者說，多數人喜歡老布希勝過克林頓，那麼老布希是民眾的選擇嗎？為什麼選舉人對裴洛的感覺，會影響到老布希或克林頓能不能當選總統？

---

† 直到今天還有人在爭論，裴洛到底是從老布希還是克林頓處，拿走較多選票，或者投裴洛的人會袖手旁觀，根本不去投給兩大黨的候選人。

　　我想正確的答案是沒有答案。民意根本不存在。更精確的說，民意只是有時候會存在，在多數人對某項事務有很清楚的見解時，才能講民意。我們可以安然的說，公眾的意見認為恐怖主義是壞東西，或者「宅男行不行」（The Big Bang Theory）是偉大的節目。然而削減支出卻是另一回事，多數的偏好無法融合成明確的態勢。

　　如果沒有民意這件事，那麼民選的官員該如何辦事？最簡單的答案是：如果人民沒有給出一致的訊息，就照你自己的意思做。我們已經看過，簡單的邏輯要求你，有些時候需要與多數人的意願相左來行事。如果你是庸碌的政客，你就會說民調的數據自相矛盾。如果你是優秀的政治家，你就會說：「人民選我是要我來領導，而不是來看民調的臉色。」

　　如果你是玩政治的真正高手，你就能找出辦法把不一致的公眾意見，扭轉到對自己有利的方向。在 2011 年 2 月的皮尤民調中，僅有 31% 回應者支持減少交通方面的開支，另外 31% 支持削減學校的經費，但是只有 41% 的人支持增加當地商業稅收來支持各項計畫。換句話說，削減州政府赤字的主要意見，每項都遭到多數選民反對。州長到底該選哪一項，用以降低政治成本？答案是：不要只選一個，選兩個。演講中可以這麼宣告：

　　「我發誓不會加一分錢稅。我會給地方政府必要工具，讓他們能在少花納稅人鈔票的情形下，達到高水準的公共服務。」

　　現在每個地方政府獲得州政府的補助更少，卻要在剩下的兩個選項裡挑一個：砍道路還是砍學校。看出多麼天才了沒有？州長明確的排除加稅方案，那是三種選項裡最受歡迎的一項。他的立場得到多數的支持，59% 的選民跟州長意見相同，就是稅賦不應增高。

真同情那些市長、鎮長與鄉長，他們必須揮動刀斧。那些呆瓜別無他法，只有執行大多數選民都不喜歡的政策，然後忍受痛苦的後果，州長卻身段曼妙的作壁上觀。在玩預算的把戲時，就跟玩很多其他把戲時一樣，先下手為強。

智能障礙囚犯應否處死刑

判處智能障礙囚犯死刑是否有錯？聽起來好像是抽象的倫理問題，然而它是最高法院一個法案裡的關鍵問題。更精確的講，問題並非「判處智能障礙囚犯死刑是否有錯？」而是「美國人認為判處智能障礙囚犯死刑是否有錯？」這問題就是關於民意而非倫理了。我們已經知道涉及民意的問題，除非極單純，否則都滿載矛盾與混淆。

現在的問題絕對不算單純。

大法官在 2002 年的「阿特金斯訴維吉尼亞州」（Atkins v. Virginia）案件裡，就碰到這個問題。阿特金斯（Daryl Renard Atkins）跟同夥瓊斯（William Jones）持槍搶劫一位男士，加以綁架後殺害。他們兩人都說對方是扣扳機的兇手，結果陪審團相信了瓊斯，致使阿特金斯因謀殺罪遭判處死刑。

證據的品質與犯罪的嚴重性都沒引起爭議，最高法院受理的問題並不是關於阿特金斯做了什麼，而是他是什麼樣的人。阿特金斯的律師在維吉尼亞州最高法院上論證說，阿特金斯的智商僅 59，屬於輕微智能障礙，缺乏負起充分道德責任的能力，所以判處死刑並不合宜。州最高法院援引 1989 年美國聯邦最高法院對於「潘瑞訴林瑙」（Penry v. Lynaugh）一案的裁決，認為對於智能障礙囚犯執

行死刑並沒有違憲，拒絕接受律師的論點。

維吉尼亞州的法官也經歷過巨大的爭辯才獲得此結論。其中涉及的憲法問題相當難解，致使美國聯邦最高法院同意重啟此案以及「潘瑞」案加以檢討。這次最高法院站到相反的一邊，以 6 對 3 的決議，判定處死阿特金斯或別的智能障礙罪犯，都屬違憲。

壞蛋應該鞭笞，或切掉耳朵

乍看起來，這有點兒古怪。從 1989 年到 2012 年期間，憲法並沒有相關的變動；為什麼公文最初批准的刑罰，在二十三年後卻又禁止？關鍵在於憲法第八條修正案，該條文禁止各州執行「殘忍且不尋常的懲罰」。至於精確的說，什麼才算是殘忍且不尋常的懲罰，一直是法界積極論辯的問題。那些字眼的意義很難準確掌握。「殘忍」是根據最初建立憲法時的標準，還是我們現在的標準？「不尋常」是指那時不尋常，還是現在不尋常？撰寫憲法的人並未覺察這類本質上的曖昧。當 1789 年眾議院辯論是否採納「人權法案」時，新罕布夏州的利佛摩（Samuel Livermore）辯論說，這種模糊的語詞會讓將來心軟的世代廢除必要的刑罰：

這句話看起來表達了極高的人道關懷，我對此並無任何異議。然而它看起來又似乎是空話，我就認為它並非必要。所謂超額的保釋金應作何解？誰來做評判者？所謂超額的罰款應作何解？法庭是做決定的地方。不許有殘忍且不尋常的懲罰；然而有時有必要吊死人，壞蛋往往該鞭笞，甚至切掉他們的耳朵；未來難道只因這些刑罰殘忍，我們就不准使用嗎？

　　利佛摩的夢魘成真了。即使有些人是自己承認應該切掉耳朵，我們也不能這麼做了。尤有甚者，我們還主張憲法禁止我們這麼做。現在憲法第八條修正案的法理依據是「進化中之當代倫理標準」（evolving standards of decency），最初是在最高法院「綽普訴杜樂斯」（Trop v. Dulles）一案中所闡述，認為什麼算是「殘忍且不尋常」的標準，應該依據當前的美國規範，而非 1789 年 8 月時的主流標準。

　　此處民意就有介入點了。大法官奧康諾（Sandra Day O'Connor）在「潘瑞」案裡表示的意見，主張民意調查顯示極大部分人都反對處死智能不足的罪犯，這個意見在計算「倫理標準」時不應該加以考量。如果要在法庭上考量採納，民意必須經由各州立法者寫進法條完成立法，才能代表「最清晰與最可靠的今世價值的證據」。在 1789 年，只有喬治亞與馬里蘭兩州明訂禁止處決智能障礙者。到 2002 年局面已經改觀，許多州都禁止了此類死刑，德州的立法機構甚至已經通過這項法條，不過最後因州長否決而未能生效。多數大法官覺得這波立法行動足以證明，「倫理標準」已經演化到可以不必讓阿特金斯服死刑了。

　　大法官史卡利爾（Antonin Scalia）不在多數之列。首先，他勉強讓步到接受，憲法第八條修正案得以禁止制定憲法時允許的某些刑罰（像是切掉罪犯的耳朵，在獄政的行話裡叫做「收割」）。*

---

* 1805 年 5 月 15 日麻州開始禁止以切耳朵、烙印、鞭笞、上頸手枷鎖等刑法處罰造偽幣者；如果當時認為這些刑罰是憲法第八條修正案禁止的話，麻州就沒有必要再立法（請參見 Joseph Barlow Felt 著：《麻州貨幣史》（*A Historical Account of Massachusetts Currency*），第 214 頁）。附帶一提，史卡利爾的退讓並沒有反映他目前的想法：他在 2013 年接受《紐約》雜誌的訪問時就說，他現在相信憲法允許鞭刑。我們或許可假設他對切耳朵也有同感。

即便接受了這種觀點，史卡利爾仍認為像「潘瑞」案這種先例，反對處死智能障礙者在這件事上，各州立法機關還沒有明確證明已達成全國共識。他寫道：

最高法院只是嘴皮上講講這些先例，就神奇的抽取出一個所謂的「全國共識」，要禁止處死智能障礙者……在允許死刑（對涉及本議題的人）的 38 州當中，只有 18 州（47%），也就是少於半數的州，最近立法禁止處死智能障礙者。……光是 18 這個數字，就足以說服任何講理的人，並不存在「全國共識」這件事。在死刑可涵蓋的司法範圍裡，為何 47% 會成為「共識」？

但絕大多數大法官使用的數學不一樣，按照他們的計算，會有 30 州禁止處死智能障礙者：史卡利爾提到的 18 州，再加上禁止死刑的 12 州。如此，50 州裡就占了 30 州，是相當多數了。

數學解讀多樣化

哪一種算法正確？兄弟檔憲法學教授阿希爾・阿馬爾（Akhil Amar）與維克拉姆・阿馬爾（Vikram Amar），從數學的立場解釋為什麼多數的大法官會更站得住腳。他們問大家要如何看待下面這種情境，假想有 47 州的立法機構宣布死刑不合法，而在剩下不同步的 3 州裡，有 2 州允許處死智能障礙罪犯。在這種情形下，很難否認全國的倫理標準一般而言會排除死刑，而排斥處死智能障礙者的力道更強。如果做出相反的結論，就退讓太多的道德權威給那三個與全國步調不一致的州。此處正確的比例應該是 48/50，而非 1/3。

在現實世界裡，顯然反對死刑是沒有全國共識的。這也使史卡利爾的論點具有某種程度的說服力。當全國一般意見仍然傾向保留死刑，是那十二個 * 禁止死刑的州與大家步調不一致。他們既然認為根本不應該允許死刑，怎麼能說他們對准許執行哪些類的死刑會有見解？

嘗試解讀民意時，也常犯與史卡利爾相同的錯誤，根源在於整合判斷時發生了彼此矛盾。我們現在分拆開來看看。有多少州在 2002 年相信，死刑是道德上不能接受的？從立法的結果來看，只有 12 個。換句話說，多數的州（50 州裡有 38 州）主張死刑不違背道德。

再從法律上來講，有多少州認為處死智能障礙罪犯比處死其他人更糟？顯然那二十個放行處死這兩類人的州，不能計入。另外那十二個絕對禁止死刑的州，也不能計入。剩下只有十八個州畫下了法律上的區隔，比裁決「潘瑞」案時多，但仍然還是規模小的少數。

五十州裡占有三十二州的多數，主張處死智能障礙者與一般死刑的法律地位一致。†

把那些敘述放到一起，看起來像是簡單邏輯：如果多數認為一般死刑可接受，又如果多數認為對智能障礙者處以死刑，並不比一般死刑更糟，則多數必然批准處死智能障礙者。

---

* 自 2002 年以來，已增加至 17 個州。

† 這不是史卡利爾的算法，他沒有斷言無死刑的州會認為，判處智障者死刑不比一般死刑更糟。他的論點出發點是，我們並未掌握他們對此問題的意見，因此我們不應該把這些州計入。

　　不過這是錯誤的。我們已經看過，所謂「多數」並不是遵從邏輯規則的統一對象。還記得嗎，多數選民不想讓老布希在 1992 年再次當選，多數選民也不想讓克林頓取代老布希，然而這並不能推論出裴洛所希望的，多數選民既不要老布希，也不要克林頓坐進白宮的橢圓辦公室。

　　阿馬爾兄弟的論證更具說服力。如果你想知道，有多少州認為處死智能障礙者是道德上不允許的，你只要單純的問，有多少州把處死智能障礙者判定為非法 —— 數目是三十而非十八。

　　這並不是說史卡利爾整體的結論是錯誤的，而多數大法官的見解是正確的；那是法律問題，而非數學問題。為求公平起見，我不得不指出，史卡利爾也出擊了對方的數學弱點。例如：大法官史帝文斯（Stevens）執筆的多數意見裡提到，即使在沒有明文禁止處死智能障礙者的州裡，實際處死智能障礙者的次數也極少。意思是說，這些州雖然還沒立法，但是民眾已經抵制這種處決了。史帝文斯寫道，在「潘瑞」案與「阿特金斯」案之間的十三年，僅有五州執行過這類極刑。

　　在那些年裡，總共對六百餘人執行死刑。史帝文斯提出美國人口中有 1% 是智能障礙者的數據，因此如果智能障礙罪犯按人口比例處死，就應該有六到七位智能障礙者受正法。從這種角度來看，正如史卡利爾指出的，證據並沒有顯示特別不傾向處死智能障礙者。德州從來沒有處死過東正教的主教，你會懷疑當有必要時，德州會不殺主教嗎？

　　史卡利爾在「阿特金斯」案真正關心的，不是法庭上辯論的問題本身，雙方都同意，這影響到的只是極小區塊的死刑問題。其實

他擔憂的是用司法判決「漸進廢除」死刑。他徵引先前在「哈姆林訴密西根州」（Harmelin v. Michigan）一案裡他發表的意見：「憲法第八條修正案的作用並不是防止倒轉的棘輪，使得對於某種罪刑寬大的暫時性共識，變成固定在憲法裡的最高限制，從而在信念轉換或社會條件改變時，令各州喪失了因應的能力。」

史卡利爾的憂慮是有道理的，不應該讓某一代美國人猛然興起的想法，從憲法上約束到後代。很明顯，他的反對不僅局限於法律問題。他關心的是唯恐經由強制禁用，使美國喪失了處罰的習慣，變成不光從法律體系排除處死智能障礙殺人犯的美國，更成為因為法庭的慈悲寬大而無從倒轉，以致完全忘卻那回事的美國。就像兩百年前的利佛摩，史卡利爾預見並且譴責那種世界，在其中民眾一寸一寸的喪失了對做壞事的人加以有效懲罰的能力。

我倒是沒辦法勉強自己分享他們的憂慮。人類在發明懲罰方法上的無邊巧思，可與我們表現在藝術、哲學、科學上的能耐相當。懲罰是一種永續資源，絕無耗盡枯絕的危險。

三選一變數多

多頭絨泡黏菌（*Physarum polycephalum*）是迷人的小生物，它一生中多半的時間都是微小的單細胞，有點像阿米巴原蟲。但是當條件成熟，上千個這種生物會聚合成為統一的集團，稱為變形菌體。在這種形式下，黏菌會呈現亮黃色且大到可以目視。在野地裡它喜歡生長在腐爛的植物上，在實驗室裡它特別喜歡燕麥。

你絕不會認為變形菌體的黏菌有什麼心理學可講，它既沒大腦，也沒有任何所謂的神經系統，更不要說有感覺或思想了。但是

黏菌跟其他任何活的生物一樣都會做決策。而黏菌最有趣的地方是，它會做出相當好的決策。在黏菌很有限的世界裡，所有決策或多或少都趨向「移向我喜歡的東西」（燕麥），以及「離開我不喜歡的東西」（亮光）。無論如何，黏菌的分散式思維過程，有能力把這項工作做得非常有效率。你甚至能夠訓練黏菌走迷宮。（不過得花上大量的時間與燕麥。）生物學家希望能從瞭解黏菌如何在它的世界裡導航，開啟一道窗去認識認知在演化上的破曉時分。

即使在這種可想像到的最原始決策過程上，我們也會遭遇到一些令人困惑的現象。雪梨大學的拉提（Tanya Latty）與畢克曼（Madeleine Beekman）研究黏菌處理困難選擇的方式。對於黏菌而言，困難的選擇大概是這樣：培養皿的一側有三公克燕麥，另一側有五公克燕麥但有紫外線照射。把黏菌放在培養皿中央時，它會有什麼舉動？

在這種條件下，他們發現黏菌大約每邊各花一半的時間；更充裕的食物把照射紫外線的不愉快平衡掉了。如果你是艾司伯格這類在蘭德工作的古典經濟學家，你會說黑暗中的一小堆燕麥跟光線下的一大堆燕麥，對於黏菌而言具有相同的效用，因此它不會只向一面倒。

如果把五公克換成十公克，平衡就會打破。不管有沒有光照射，黏菌每次都會移向雙份的那堆。這類的實驗讓我們知道黏菌的優先順序，以及優先順序有衝突時，它如何做選擇。從這些實驗看起來，黏菌的選擇非常合理。

不過有些奇怪的事發生了。實驗者把黏菌放到有三種選擇的培養皿：在黑暗裡的三公克燕麥（【3黑】），光線下的五公克

（【5 光】）以及黑暗裡的一公克（【1 黑】）。你也許會預測黏菌幾乎
絕不會移向【1 黑】，因為同樣在暗地，【3 黑】那一堆有更多燕
麥，顯然是更優越的選擇。確實，黏菌幾乎都不會選擇【1 黑】。

　　因為黏菌以前同樣喜愛【3 黑】與【5 光】，你也許會猜在新的
安排下仍然是如此。用經濟學家的術語說，雖然有新的選項，但是
【3 黑】與【5 光】仍有相同的效用。然而事實卻不是如此：當【1
黑】出現時，黏菌會改變它的偏好，它選擇【3 黑】的次數，超過
選擇【5 光】次數的三倍以上。

　　這到底是怎麼回事？

　　這裡有一個提示：在這齣戲裡，黑暗裡的那一小撮燕麥，正扮
演了裴洛的角色。

關鍵少數的力量

　　用數學行話講，這情形叫做「無關選擇的獨立性」（independence
of irrelevant alternatives）。這條規則說的是下面的事：不管你是黏
菌、人類，還是民主國家，如果你在 A 與 B 兩個選項間已經有了
抉擇，那麼再加入第三個選項 C 時，不應該影響到你原來比較喜
歡 A 還是比較喜歡 B。當你已經決定要豐田 Prius，還是通用悍馬
時，那麼加入福特 Pinto 也不會改變原來的選擇。你知道你不會去
選擇 Pinto，那它還有什麼相干呢？

　　再拿政治方面的例子來講：把汽車經銷商換為佛羅里達州，
把 Prius 換為高爾，把悍馬換成小布希，把 Pinto 換為納德（Ralph
Nader）。在 2000 年的美國總統大選裡，小布希得到佛羅里達州
48.85% 的選票，高爾得到 48.84%，納德僅得到 1.6%。

2000 年在佛羅里達發生的事是這樣的：納德不可能贏得佛羅里達的選舉人票。你知我知，佛羅里達的每位選民也都知道。佛羅里達選民要回應的問題其實不是

「高爾、小布希、納德，誰會贏得佛羅里達的選舉人票？」

而是

「是高爾還是小布希，會贏得佛羅里達的選舉人票？」

可以很安然的說，幾乎每位投票給納德的選民，都認為高爾比小布希更適合擔任總統。* 也就是說，佛羅里達有堅實的 51% 多數選民，寧可是高爾而非小布希當總統。然而，納德的出現雖然是無關的選擇，卻使得小布希贏得了佛羅里達的選舉。

我並不是說選舉應該決定出不同的結果，我只是說選民製造出矛盾的結局，使得多數人的沒達成目標，而無關的選擇控制了最後結果。克林頓在 1992 年占了便宜，小布希在 2000 年占了便宜，但是數學原則都是相同的：「選民真正想要什麼」的意思很難搞懂。

但是我們在美國決定選舉結果的方式，並非唯一的方式。這乍看起來有點古怪，除了獲得最多票的候選人當選外，還有什麼選擇法可能公平呢？

---

* 當然，我知道有一個傢伙認為高爾跟小布希都是資本主義霸主，哪一位當選都沒差。我在此處不去談那個傢伙。

不遺漏任何訊息

下面是數學家怎麼看待這個問題。事實上,這是某一位數學家的觀點。波達(Jean-Charles de Borda)是十八世紀法國著名的彈道學家,他認真考慮了這個問題。選舉好像一部機器,我喜歡把它想成是鑄鐵製的大絞肉機,丟進機器裡的是個別選民的喜好順序,你搖動機柄擠出來的黏糊香腸原料,就是我們所謂的人民意志。

高爾在佛羅里達州選輸了為什麼會令我們困擾?那是因為多數人喜歡高爾甚於小布希,而非相反的順序。為什麼我們的選舉制度不知道?那是因為投票給納德的人,無法表達他們也喜歡高爾甚於小布希。我們在計算的過程裡遺漏了某些相干的數據。

數學家會說:「如果你想解一個問題,不該遺漏任何與問題相干的訊息!」

做香腸的說法會是:「如果要絞肉,用整頭牛去絞!」

兩種人都會同意,你應該找出辦法,把人們喜好的全貌考慮進去,而不是只顧著他們最愛的候選人。假設佛羅里達州的選票能讓選民按照優先順序,排出三位候選人的名次,選舉結果就可能如下表所示:

小布希,高爾,納德	49%
高爾,納德,小布希	25%
高爾,小布希,納德	24%
納德,高爾,小布希	2%

第一列代表共和黨人,第二列代表自由派民主黨人。第三列是

保守派的民主黨人，他們覺得納德有點過火。你知道第四列就是票投給納德的人。

　　如何利用多出來的訊息？波達提出一種既簡單又漂亮的方法。你先按照每位候選人的排名給分：如果有三位候選人，第一名得 2 分，第二名得 1 分，第三名得 0 分。在這種規定下，小布希從 49% 選民處得來 2 分，再從 24% 選民處得來 1 分，總共得分為

$$2 \times 0.49 + 1 \times 0.24 = 1.22$$

　　高爾從 49% 選民處得來 2 分，再從另外 51% 處得來 1 分，總分為 1.49。納德從 2% 認為他最棒的人處獲得 2 分，另外 1 分則來自 25% 的自由派人士，總共得分為最低的 0.29。

　　所以高爾第一名，小布希第二名，納德第三名。這樣就吻合了 51% 選民喜愛高爾甚於小布希，98% 選民喜愛高爾甚於納德，73% 選民喜愛小布希甚於納德。三種多數都達成目標。

　　然而要是那些數字稍微挪動一下會怎樣？譬如，你從「高爾，納德，小布希」挪出 2% 到「小布希，高爾，納德」，則記票數如下：

小布希，高爾，納德	51%
高爾，納德，小布希	23%
高爾，小布希，納德	24%
納德，高爾，小布希	2%

　　現在多數佛羅里達人喜愛小布希甚於高爾，事實上絕對多數的

佛羅里達人把小布希當做首選。然而用波達的方法計算，高爾還是勝過小布希許多，1.47 對 1.26。是什麼把高爾推到了頂峰？就是因為出現了「無關選擇」的納德，同樣的傢伙讓高爾在 2000 年的真實選舉中栽了觔斗。一旦納德出現在選票上，就在不少排名中把小布希擠到第三名，讓他損失不少分數。高爾的優勢在於永不會被排在最後，因為討厭他的人更討厭納德。

不對稱控制效應

　　這結果帶我們回到黏菌上。還記得嗎？黏菌並沒有大腦來協調做決策。它們只是上千個細胞核構成的變形菌體，每一個細胞核把集體推向某個方向。黏菌總得把所有的訊息集結起來做出決策。

　　如果黏菌純粹按照食物的量做決定，它們應該會把【5 光】排第一，【3 黑】第二，【1 黑】第三。如果它們只按光亮度排序，就應該把【3 黑】與【1 黑】同排第一，而【5 光】排在第三。

　　兩種排序不能相互配合、無法相容，那麼黏菌為什麼會優先選擇【3 黑】？拉提與畢克曼揣測，黏菌使用某種形式的民主，經由類似波達的計算法，從兩種選項裡做出選擇。讓我們假設 50% 的黏菌核最關心食物，另外 50% 最關心光亮度。那麼波達計算看起來如下表：

【5 光】，【3 黑】，【1 黑】	50%
【1 黑】與【3 黑】平手，【5 光】	50%

　　【5 光】從最關心食物的一半黏菌得 2 分，從另一半最關心光

亮度的黏菌得 0 分，總分是

$$2 \times (0.5) + 0 \times (0.5) = 1$$

如果參賽者同時得第一，我們就給每位各 1.5 分。於是【3 黑】從一半黏菌得到 1.5 分，從另外一半得到 1 分，總分就是 1.25。比較差的選項【1 黑】，從愛食物的那一半黏菌得不到任何分數，因為它們把它排在最後；再從討厭光亮的一半得到 1.5 分，因為它們讓它分享第一，總分就成為 0.75。所以【3 黑】排第一，【5 光】第二，【1 黑】最後，跟實驗出來的結果完全吻合。

假如【1 黑】沒有出現會怎樣？那麼一半的黏菌會把【5 光】排在【3 黑】前面，另外一半則把【3 黑】排在【5 光】前面，你就得到平手的局面，也就是第一個實驗裡發生的狀況，其中黏菌要從黑暗裡的三公克燕麥堆，以及光亮下的五公克燕麥堆之間做出選擇。

換句話說：黏菌喜歡沒有光照的小堆燕麥，程度幾乎跟有光照的大堆燕麥一樣。但是一旦你放入真正很小堆又沒有光照的燕麥，比較起來，黑暗裡的小堆燕麥就好得多。以致於黏菌幾乎全程都決定，寧可選它也不選在光亮處的大堆燕麥。

這種現象稱為「不對稱控制效應」，黏菌並非唯一受制於此效應的生物。生物學家發現橿鳥、蜜蜂和蜂鳥都會表現出這種好像不合理的行為。

擇偶的方法

人類的選擇也是如此！此處我們需要把燕麥換成浪漫的伴侶。心理學家希帝奇地斯（C. Sedikides）、艾瑞里（D. Ariely）、歐爾森（N. Olsen）把下面的任務交給大學部的研究對象：

你現在有幾位假想的約會對象，你要選一位去約會。請假設所有的可能對象是：（1）北卡羅萊納大學（或杜克大學）的學生，（2）跟你同種族，（3）跟你年紀差不多。用幾種屬性來描述可能的約會對象，每一種屬性會分配一個百分數。百分數反映的是相對於北卡羅萊納大學（杜克大學）同樣性別、種族、年齡的學生，可能約會對象所占的位置。

亞當的魅力居第 81 百分位數，可靠度居第 51 百分位數，智力居第 65 百分位；比爾的魅力居第 61 百分位數，可靠度居第 51 百分位數，智力居第 87 百分位。大學生跟先前的黏菌一樣，要做出困難的選擇。另外跟黏菌一樣的地方是，他們也平分成兩半，各自最愛一位可能的約會對象。

然而當克里斯加入之後，局面就改觀了。他的魅力居第 81 百分位數，可靠度居第 51 百分位數，都跟亞當一樣，但是智力只達第 54 百分位。克里斯是那個「無關選擇」；他很明顯更不如某位已經在局裡的候選人。你可以猜猜會發生什麼事。出現一位比亞當略傻的翻版，使真正的亞當看起來更棒。如果要在亞當、比爾和克里斯之間選一位約會對象，幾乎有三分之二的女生選擇了亞當。

　　所以如果你是正在尋求愛侶的單身漢，而你想決定該帶誰一起去城裡逛逛，你就該選一位跟你很像，卻又稍微缺那麼點吸引力的人做電燈泡。

　　非理性是從哪兒鑽進來的？我們已經看過，完全理性的個人所構成的集體行為，會引出看似非理性的公眾意見。但從經驗裡得知，個人並非完全理性的。黏菌的故事給我們一種啟示，就是我們日常中出現的矛盾及不協調行為，都有可能給予系統性的解釋。個體之所以看起來會不理性，有可能他們不是真正的個體！我們每個人都是一個小小的民族國家，內部有驅動我們的各種論辯的聲音，我們盡量努力去平息爭議以及取得妥協。結果並非永遠合乎理性，但是就像黏菌一樣，它們好歹讓我們蹣跚前進，不會犯太多可怕的錯誤。民主確實亂糟糟，然而它就是能發揮功效。

一定要用掉整頭牛

　　讓我告訴你，在澳大利亞他們怎麼辦事。

　　位處南半球的這個國家的選票，很像波達的選票。你不光是在選票上標出你最愛的候選人，而是要把所有的候選人排序，從最愛的排到最討厭的。

　　用最簡單的方法解釋下一步會發生什麼事，不妨用澳大利亞的制度，來看佛羅里達 2000 年大選的狀況可能會怎樣。

　　首先計算排在第一位的候選人，把得票最低的淘汰。現在的例子裡就是納德，把他甩了，我們就只剩小布希與高爾了。

　　我們雖然把納德甩了，卻不必把選民投給他的票給一起甩了。（用掉整頭牛！）下一步是所謂的「排序複選制」，也就是真正有創

意的一步。從每張選票裡把納德的名字畫掉，就好像納德從不曾存在過。現在高爾得到 51% 的第一名選票：49% 是他從第一輪裡得到的票，再加上原來把第一投給納德的票。小布希仍然保持原來的 49%，在決賽中投他第一名的票比較少，所以把他消去，最後高爾勝出。

　　稍微挪動過的佛羅里達州 2000 年大選的例子會如何？我們在那個例子裡從「高爾，納德，小布希」挪動了 2% 去「小布希，高爾，納德」。此例中，高爾仍會贏得波達計數法。如果使用澳洲人的規則，就會有全然不同的結局。納德還是會在第一輪裡就出局，但是現在有 51% 的選票是小布希放在高爾之上，所以小布希獲勝。

　　排序複選制選舉辦法（在澳大利亞稱為「偏好投票制」）很明顯有動人之處。那些喜歡納德的人可以把票投給他，而不需擔心他們最不喜歡的人占到便宜。同樣的道理，納德可以參選，也不需擔心讓他最不喜歡的人勝出。*

　　排序複選制（IRV）其實已經存在一百五十多年了。除了澳大利亞，使用它的地方還有愛爾蘭與巴布亞新幾內亞。對於數學總是偏愛的穆勒（John Stuart Mill）聽到這個規則時說「在關於政府的理論與實務上，這應歸入最偉大的改良之列。」†

　　然而故事還沒完──

　　美國唯一使用排序複選制的都市是佛蒙特州的柏林頓‡，讓我們

---

* 我還真搞不清楚納德有沒有擔心過此事。

† 更精確的講，穆勒其實是談論一種非常接近的「單計可讓渡」制。

‡ 現在已經不再是了，柏林頓選民在 2010 年一場險勝的公投裡，廢除了排序複選制。

看看該市 2009 年的市長競選狀況。準備好，會有一堆數字在你的眼前飛舞。

三位主要候選人是共和黨的萊特（Kurt Wright）、民主黨的芒卓（Andy Montroll）、以及從左翼進步黨來的現任市長齊斯（Bob Kiss）。（這場競選裡還有其他居少數的候選人，為了使講解簡短一些，我忽略掉他們的得票。）下面是選票的計數狀況：

芒卓，齊斯，萊特	1332
芒卓，萊特，齊斯	767
芒卓	455
齊斯，芒卓，萊特	2043
齊斯，萊特，芒卓	371
齊斯	568
萊特，芒卓，齊斯	1513
萊特，齊斯，芒卓	495
萊特	1289

（並非每位選民都愛用這種新鮮投票制，你可以看出有些人只標出他們的首選。）

共和黨的萊特總共獲得 3297 個第一名，齊斯獲得 2982 個，芒卓獲得 2554 個。只要你曾經去過柏林頓，應該能安然的說共和黨市長絕非人民所願。但是在傳統的美國制度裡，萊特就會贏得這場選舉，他應該感謝兩位自由派的候選人瓜分了其他的選票。

但是實際發生的卻全然不同。民主黨的芒卓得到最少的第一名選票，所以先被消去。在下一輪裡，齊斯與萊特各自保有自己所獲得的第一名選票，但是 1332 張原來排序「芒卓，齊斯，萊特」的

選票，現在就成為「齊斯，萊特」，算成齊斯獲得的選票。同理，767 張「芒卓，萊特，齊斯」的選票，現在計入萊特的得票。最終計票：齊斯 4314 票，萊特 4064 票，齊斯連任成功。

看起來挺不錯吧？不過再等等。用另一種方式加總，你可以檢驗有 4067 位選民喜歡芒卓甚於齊斯，而只有 3477 位喜歡齊斯甚於芒卓。4597 位選民喜歡芒卓甚於萊特，而只有 3668 位喜歡萊特甚於芒卓。

換句話說，多數選民喜歡中間候選人芒卓甚於齊斯，同時多數選民喜歡芒卓甚於萊特。芒卓有很堅強的證據應該是正確的贏家，但是芒卓在第一輪就出局了。這裡你就能看出 IRV 制度的弱點。中間立場的候選人雖然幾乎受每個人喜愛，但是沒有人把他放到首位，要贏還真是困難。

總結一下：

傳統美國投票方法：萊特獲勝

排序複選方法：齊斯獲勝

兩兩相比：芒卓獲勝

搞糊塗了嗎？還有更糟的。假設投「萊特，齊斯，芒卓」的 495 位選民，決定改投齊斯，而把另兩位候選人從選票中剔除。讓我們再假設只投給萊特的 300 位也改投齊斯。現在萊特喪失了 795 張原來他是首選的票，使得票數掉到 2502 票，因此是他而非芒卓在第一輪就被刷掉。選舉變成芒卓與齊斯的對決，而芒卓以 4067 對 3777 贏了齊斯。

　　你看剛剛出現什麼狀況？我們給齊斯更多票，他卻沒有贏，反而輸掉了！

　　現在感覺頭暈並不奇怪。

　　但是抓緊這個，然後坐穩了：至少我們有些合理的感覺，知道誰應該贏選舉。應該是民主黨的芒卓，如果單挑的話，他會贏萊特，也會贏齊斯。也許我們應該把這些波達計數、排序複選什麼的都擺到一邊，就選出為多數所喜歡的人。

　　你有沒有感覺到，我正要把你推往墜落的邊緣？

康道塞悖論

　　讓我們把柏林頓的狀況簡化一些。假設只有三種投票情形：

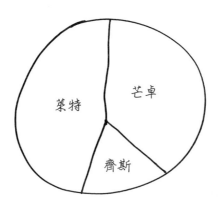

芒卓，齊斯，萊特	1332
齊斯，萊特，芒卓	371
萊特，芒卓，齊斯	1513

　　前頁圖中劃分到齊斯與萊特區域的人，構成了多數選民，他們都喜歡萊特甚於芒卓。另外芒卓與齊斯合起來也構成多數，他們喜歡齊斯甚於萊特。如果多數人喜歡齊斯甚於萊特，又有多數人喜歡萊特甚於芒卓，那不是說齊斯又要贏了嗎？不過這裡有一個問題：人們以 2845 對 371 的顯著差距喜歡芒卓甚於齊斯。如此就出現一個怪異的投票三角形：齊斯打敗萊特，萊特打敗芒卓，芒卓打敗齊斯。每位候選人都會在一對一競爭下，輸給其他兩位候選人中的一個。那麼任何人要如何合理又合法的坐進市長辦公室？

　　像這種惹人惱火的循環稱為康道塞悖論（Condorcet paradox），因為最早是法國啟蒙時期的哲學家康道塞，在十八世紀末發現此現象。康道塞侯爵（Marquis de Condorcet）是投身法國大革命的自由派思想家領袖，他最終當上了立法會議主席。他其實不太像政治人物，不僅容易害羞與疲憊，講話聲音又小又快，在喧囂的革命政府會議上，提議往往沒被聽進去。但另一方面，他跟聰明才智無法跟相配的人打交道時，又十分容易發脾氣。這種羞怯與壞脾氣的結合，使得他的導師涂果（Jacques Turgot）戲稱他為「*le mouton enragé*」，意思是「偏激的羊」。

　　康道塞在政治上的美德，表現在對理性的熱情與毫不動搖的信念，他認為理性，特別是數學方法，是人類事務的組織原理。在啟蒙時代的思想家中，效忠理性是標準裝備，但是進一步認為社會與道德世界也能用方程與公式來分析，卻是非常新鮮的想法。他可以說是在現代意義下的第一位社會科學家。（康道塞自己的用語是「社會數學家」。）雖然生在貴族世家，康道塞很快就建立一種觀點，認為思想的普遍原則應該重於帝王的突發奇想。他同意盧梭的

主張，認為人民的「公共意志」應該主導政府運作，但是他又不像盧梭把這項主張當做不證自明的原則。對於康道塞而言，多數統治需要有數學上的理由，而他在機率論裡找到了依據。

康道塞在 1785 年的專著裡闡述了他的理論，書名是《論以分析學應用於多數決之機率》。用一個簡單例子來說明：假設七人陪審團要定被告的罪，四位說被告有罪，只有三位相信他是清白的。讓我們假設每位陪審員持有正確觀點的機率是 51%，那麼你可能會期望 4 對 3 的多數選取正確方向的機會，應該高過 4 對 3 的多數偏向錯誤的方向。

這有點像職業棒球世界大賽，假如費城的費城人隊與底特律的老虎隊進入冠軍賽，我們同意費城人隊比老虎隊強一些，譬如說他們每場球有 51% 贏的機會，那麼費城人隊比較有可能在世界大賽裡以 4 勝 3 敗獲得冠軍，而非 3 勝 4 敗退居老二。如果世界大賽不是比七場，而是比十五場，那麼費城人的優勢會更高。

康道塞的所謂「陪審團定理」顯示，當每位陪審員都些許傾向正確方向時，不管那種偏向多麼微小 *，只要有足夠多的陪審員，就極可能最終達到正確的結論。如果多數人相信某事，康道塞就認為那是某事正確的堅強證據。我們信任足夠多的多數，即便與我們原有的信念相違，在數學上也是有理的。康道塞寫道：「我必須不是按照我認為合理就行動，而是要看所有跟我一樣的人，要從他們意見裡看來合乎理性與真理才行。」陪審員的角色很像電視節目「超

---

* 當然此處可以加入各式各樣的假設，最顯著的有陪審員各自獨立做出判斷，但如果陪審員在表決前加以會商，則此假設就不成立了。

級大富翁」（Who Wants to Be a Millionaire）裡的現場觀眾，當我們
有機會向某個集團發問時，康道塞認為即使集團裡都是無名小卒或
水準不夠的人物，我們還是應該看重他們多數的意見，且看重的程
度高於我們自己的意見。

理論廣受歡迎

康道塞這種有點書呆子味的主張，很受美國有科學傾向的政治
家青睞，包括開國元老傑弗遜（他還跟康道塞分享把度量衡標準化
的熱烈興致）。相反的，亞當斯則認為康道塞無用至極。在康道塞
的書頁空白處，亞當斯評估作者是「騙子」以及「數學郎中」。亞
當斯把康道塞看成無可救藥且不切實際的理論家，他的觀念在實務
上永不可能奏效，而且對於想法接近的傑弗遜會發生不良影響。確
實，康道塞出自數學動機撰寫的《吉倫特憲法》，雖然包含了精緻
的選舉規則，卻從來沒有在法國或任何其他地方受採納。從正面的
角度來看，康道塞追隨觀念的發展，抵達邏輯的結論的做法，導引
他獨排眾議，主張婦女也應擁有經過廣泛討論的「人權」。

1770 年，二十七歲的康道塞偕同數學上的良師，也同是《百
科全書》編輯的達朗貝爾，花了較長時間拜訪住在鄰近瑞士邊界費
爾梅（Ferney）的伏爾泰。愛好數學的伏爾泰高齡七十多，健康狀
況也欠佳，卻很快就把康道塞當做愛徒，他從康道塞這位後起之秀
身上看到了最好的希望，可以把理性的啟蒙原則薪傳給下一代的法
國思想家。康道塞以伏爾泰的老朋友，也是用樂透手法幫助伏爾泰
發財的拉孔達明為題，替皇家學院寫了一份正式的讚頌悼詞，這也
有助於伏爾泰對他另眼相看。伏爾泰與康道塞很快就頻繁通信，康

道塞幫老人家跟上了巴黎政治局面的發展。

　　他們兩人後來發生了一些摩擦，起因是康道塞另一篇對巴斯卡的讚頌悼詞。康道塞很正確的讚揚巴斯卡是偉大的科學家。如果欠缺巴斯卡與費馬開創以及爾後得以發展的機率論，康道塞不可能完成自己的科學工作。康道塞和伏爾泰一樣拒絕接受巴斯卡的賭注，但是所持的理由並不相同。伏爾泰認為，把形而上的問題當擲骰子遊戲的想法，太唐突且不正經。康道塞倒是跟日後的費雪一樣，持數學上的反對意見：他不能接受用機率的語言，談論諸如上帝是否存在這類問題，因為這些問題並不屬於機率能駕馭的範圍。然而巴斯卡堅持通過數學的透鏡，觀察人類思想與行為，這種做法對於正含苞待放的「社會數學家」自然充滿吸引力。

　　與康道塞對比，伏爾泰就認為巴斯卡的工作基本上是受宗教狂熱驅使，而伏爾泰完全棄絕任何宗教狂熱。巴斯卡建議，數學可用來談論超越可觀察世界的事務，伏爾泰則不僅拒絕接受，更認為這完全錯誤且危險。伏爾泰描述康道塞的讚頌悼詞說：「很漂亮又令人震驚……如果他（巴斯卡）是如此偉大的人，那我們這些跟他想法不一樣的人就都成了白痴。如果康道塞出版我手上的這部文稿，他會造成很大的傷害。」此處我們看得出正當的意見分歧，但也流露出導師略帶酸葡萄的惱火，自己的愛徒居然跟哲學上的敵手眉來眼去。你幾乎能聽到伏爾泰說：「小子，你要跟他，還是跟我？」

　　康道塞勉強迴避做出那樣的選擇（不過他的確向伏爾泰俯首，在隨後的版本裡，調降了對巴斯卡的讚揚）。他折衷妥協，把巴斯卡廣泛應用數學原則的投入態度，結合伏爾泰對於理性、現世、進步的陽光信仰。

康道塞的公設

一旦涉及投票，康道塞就是徹頭徹尾的數學家。一般人看到佛羅里達 2000 年大選的結果，可能會說：「哈，真奇怪：左翼的候選人居然把選舉搞到選出共和黨。」或當他們看到柏林頓 2009 年選舉結果，可能會說：「哈，真奇怪：民眾喜歡的中間立場候選人，竟然第一輪就遭淘汰。」對數學家而言，那種「哈，真奇怪」的感覺，根本就是一種智力挑戰。你能不能用某種精確的方法說明，是什麼致使它奇怪？你能不能用數學說清楚，投票制不奇怪的意思是什麼？

康道塞認為自己辦得到。他寫下一條公設，就是他認為不證自明的命題，不需要再提供它會成立的證據。就是下面所示：

如果多數選民偏愛候選人 A 甚於候選人 B，

則候選人 B 不能成為人民的選擇。

康道塞很欣賞波達的工作，但認為波達計數法不能令人滿意，理由跟古典經濟學家認為黏菌不合理相同。在波達的系統裡，一如多數決投票制，加入第三個選擇會完全顛倒候選人 A 與候選人 B 的結果，違反了康道塞的公設：如果兩人競賽中 A 打敗 B，則任何包括 A 在內的三人競賽，B 都不能成為贏家。

康道塞有意從他的公設建立起投票的數學理論，就像歐幾里得從下面關於點、線、面性質的五條公設，建立起整個幾何的理論：

- 通過任何兩點有一條線。
- 任何線段可以延伸到任何所欲長度的線段。
- 對於任何線段 L 而言,存有以 L 為半徑的圓。
- 所有直角都彼此全等。
- 如果 P 為一點,而 L 是不通過 P 的線,則存有唯一的線通過 P 且平行於 L。

假如有人建構一個複雜的幾何論證,顯示歐幾里得公設無可避免會導出矛盾,你想會有什麼事發生?先警告你一聲,幾何暗藏了許多未解之謎。1924 年巴拿赫(Stefan Banach)與塔斯基(Alfred Tarski)證明能把一顆球分割成六塊,然後移動這些部分,再把它們重組成兩顆球,且每顆都跟原來的球一樣大。

這怎麼可能?透過經驗導致我們相信,三維空間的物體、體積、運動具有某些性質,然後我們寫下看似自然的公設集合。然而無論直覺上這些公設看起來多麼正確,它們就是不可能全部為真。當然,巴拿赫與塔斯基分割開的區塊,具有無窮複雜精微的形狀,並非我們在粗糙的物理世界裡所能實現。

如果你想買一顆白金球來分割成巴拿赫與塔斯基區塊,再組合成兩顆新球,然後一再重複以上的手續,最後製造出一大車的貴重金屬,這種顯而易見的商業模式是無法奏效的。

假如歐幾里得公設裡會有矛盾,幾何學家就會崩潰,他們有正當的理由崩潰,因為那表示他們倚賴的一條或多條公設,其實是錯誤的。我們甚至可以更尖銳的說,如果歐幾里得公設有矛盾,則歐幾里得所理解的點、線、圓就都不存在了。

　　這種令人厭惡的窘境正是康道塞發現他的悖論時所面對的景況。在前面的派餅圖中，康道塞的公設說芒卓不該當選，因為如果只有他們兩人競選，他會輸給萊特。同樣道理也適用在萊特身上，因為他會輸給齊斯。齊斯也不該當選，因為他會輸給芒卓。所以沒有人民的選擇這檔事，它就是不會存在。

　　康道塞的悖論對於他以邏輯為基礎的世界觀，是嚴重挑戰。如果存有客觀正確的候選人排序，那幾乎不可能有齊斯比萊特好，萊特又比芒卓好，然而芒卓卻比齊斯好。當康道塞面對這樣的例子時，不得不退讓到弱化他的公設：多數有時候會是錯的。如何穿刺矛盾的迷霧，讓人民的真正意志得以透出，仍然是有待解決的問題，而康道塞從來不曾懷疑，確實有人民意志這種東西。

第18章

「我從虛空中創造出一個新奇宇宙」

　　康道塞認為「誰是最好的領袖」這種問題，應該有正確的答案。公民有點像是研究這類問題的科學儀器，雖然量度上會有誤差，但是平均來講還是正確的。對他來說，只要通過數學，民主與多數決是不會錯的。

　　現在我們不會如此談論民主。對於今日大多數人而言，民主吸引人的地方在於公平。我們談論的言語涉及各種權利，並且從道德的基礎上相信，人民應該有能力選擇統治者，無論選擇夠不夠明智。

　　這不僅是關於政治的論證，也可以應用到每個心智運作範圍的基礎問題。我們是要弄清楚什麼為真？還是要弄清楚從規則與程序裡，按規矩能導出什麼結論？還好這兩種概念經常重合，但是所有困難及概念上有趣的東西，都發生在兩者有分歧的時候。

　　你也許會以為，搞清楚什麼為真顯然是我們素來該做的事。但是在刑事法庭上並非永遠如此。有時候有犯行的被告就是無法定罪

（譬如說，證據未經正當程序取得），有時候無辜的被告會遭冤枉定罪。法庭上赤裸裸顯示了兩種概念的分歧。到底應該懲罰罪犯並釋放無辜，或遵循刑法程序導致的結果，司法到底該發生哪種作用？

在實驗科學裡，我們已經看過一邊是費雪，另一邊是尼曼與皮爾生的爭論。我們應該依循費雪的想法，搞清楚哪些我們相信的假設為真，還是服從尼曼與皮爾生的哲學，抗拒思考假設是否為真的問題，只去問：根據我們的規則，哪些假設是能夠正確推得，不論它到底為真或為偽？

即使在數學這個應該毫無疑義之地，我們仍會面臨這類問題。並且發生問題的地方並不是當代研究的艱澀領域，而是平凡老舊的古典幾何學。主題出現在歐幾里得的公設，我們在第 17 章寫出過那些公設，第五條敘述如下：

如果 P 為一點，而 L 是不通過 P 的線，則存有唯一的線通過 P 且平行於 L。

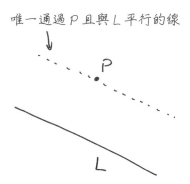

　　這條公設是不是有點滑稽？它比其他幾條公設更複雜、更不明顯。幾何學家有好幾個世紀就是這麼覺得。[*]一般都認為，歐幾里得自己也不喜歡這條公設，因為在他證明《原本》裡的前二十八條命題，只使用到前四條公設。

　　不漂亮的公設就像地板角落的汙痕，它不會影響你行走，但會令你抓狂。你耗費不計成本的時間，又洗又刷想把地板表面恢復乾淨漂亮的舊觀。放在數學的脈絡裡，做的事就是想從其他公設裡導出，稱為「平行公設」的第五公設。如果做得到的話，第五公設就可自歐幾里得的公設表裡剔除，讓歐幾里得的系統一塵不染的發亮。

　　歷經兩千年的洗刷，地板角落的汙痕仍在。

為求真理，父命可違

　　匈牙利貴族老玻亞伊（Farkas Bolyai）在這個問題上努力多年仍毫無所穫，1820 年他警告兒子玻亞伊（János Bolyai）不要再做同樣的傻事：

　　絕對不要企圖進軍平行公設。我曾經一路追尋到底，好似橫渡無盡的長夜，致使生命中的光亮與歡悅全然熄滅。我懇求你放下有關平行的科學……想從幾何學中移除缺陷，讓它以清淨之身復歸人世，我幾乎為此成為殉道者。我耗費了驚人、巨大的辛勞，我的創作遠勝他人，但是仍然未能達到完全滿意……我看透無人能觸及暗

---

[*] 我在此寫出的第五公設並非歐幾里得的原版，而是邏輯上等價的形式。這種寫法最早出自西元五世紀的普羅克洛斯（Proclus），到 1795 年普萊費爾（John Playfair）使它大為流行。歐幾里得的原版比較冗長。

夜之底時，就幡然回轉。我沒有從回轉中獲得任何慰藉，只是憐憫自己以及全人類。從我的例子裡擷取點教訓吧……

兒子往往不聽老爸的話，數學家也往往不輕言放棄。玻亞伊繼續研究平行公設，到 1823 年，他已針對這個古老問題寫下了解決方法的大綱。他寫信告訴父親：

我發現了如此美妙的東西，讓我目眩神迷。如果逸失了，就是我們萬劫不復的壞運。親愛的父親，看到時你就會理解，眼前我別無話說，只能告訴你：我從虛空中創造出一個新奇宇宙。

玻亞伊的洞識在於從問題的背後發起攻擊。不採取從別的公設來證明平行公設的途徑，他放開了自己的心靈任其自由飄蕩：如果平行公設是錯的會怎樣？會不會產生矛盾？他發現答案是否定的，其實還存在另外一種幾何，是與歐幾里得幾何非常不一樣的幾何。歐幾里得幾何的開頭四條公設在其中仍然正確，但平行公設卻不然。所以不可能從其他四條公設證明出平行公設，因為這種證明會排除玻亞伊幾何存在的可能，但是它就在那兒。

有時候不知道為什麼，數學發展好似「因緣俱足」，圈子裡準備妥當接受新進展時，同時就有好幾個地方發生突破。正當玻亞伊在奧匈帝國建構他的非歐幾何時，羅巴契夫斯基（Nikolai Lobachevskii）也在俄羅斯做同樣的事。而與老玻亞伊是多年好友的高斯，在一些尚未出版的著作裡，早就完成了許多相同的觀念。（高斯知道了玻亞伊的論文時，有點不領情的回信說：「讚美此文好似在讚美在下。」）

要描述玻亞伊、羅巴契夫斯基、高斯發展出來的所謂雙曲線幾何學，我們這裡的空間恐怕很不夠。然而正如黎曼數十年後觀察到的，還存有一個更簡單的非歐幾何，那不是奇怪的新宇宙，而只是球的幾何。

讓我們再敘述一下前四條公設：

- 通過任何兩「點」有一條「線」。
- 任何「線」段可以延伸到任何所欲長度的「線」段。
- 對於任何「線」段 L 而言，存有以 L 為半徑的「圓」。
- 所有「直角」都彼此全等。

你也許已經注意到，上面這段文字裡有一些表達上的改變，幾何名詞點、線、圓、直角都使用了引號。這樣做並非為了美觀，而是要強調從嚴格的邏輯角度來看，把「點」與「線」叫做什麼其實無關緊要，即使把它們稱為「青蛙」與「金橘」，從公設出發的邏輯演繹結構應該還是一樣。這就像法諾的七點平面，那裡的「線」看起來並不像我們在學校裡學過的線，但沒關係，重點在於就幾何的規則而言，它們的行為就像線。從某種角度來看，如果能把點叫成青蛙，把線叫做金橘也許更好。用意是在讓我們能擺脫對於「點」與「線」這些名詞先入為主的想法。

在黎曼的球幾何裡這些名詞的意義如下。「點」意指球上一對點，它們座落於對極位置，也就是某根直徑的兩端點。「線」意指「大圓」，它是球表面上的圓，而「線段」是這種圓上的一段。「圓」現在的意思可以是任何圓，不拘大小。

使用這些定義，歐幾里得的頭四條公設仍然為真！已知任意兩「點」（也就是球上兩對各自對極的點），就會有一「線」（即大圓）連結它們。*雖然公設裡沒有明說，其實任兩「線」會交於一「點」。

你也許會對第二公設有所不安，我們如何能說「線段」可以延伸到任何所欲長度？因為再怎麼延長也長不過「線」本身的長度，也就是球的周長。這是合理的疑問，其實涉及的只是解釋的問題。黎曼解釋公設裡的線是「無界」的，而非「無限延伸」。這兩個概念有微妙的差別。黎曼的「線」其實是圓，長度雖有限，可是無邊無界，你可以沿著它奔馳，永不達盡頭。

不過第五公設卻大不相同。假設你有一「點」P 以及不包含 P 的一「線」L。會有唯一的線通過 P 且平行於 L 嗎？不會，理由很簡單：在球面幾何裡，根本沒有平行線這種東西！球面上任何兩個大圓都要相交。

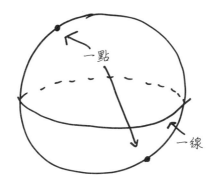

---

* 這並非一眼就能看出來，但也不難說服自己這是對的。我強力推薦拿出網球與簽字筆，自己動手來驗證！

　　精簡證明：任何大圓 C 把球面分割成相等的兩部分，每一部分都有相同的面積，稱此面積為 A。現在假設另一個大圓 C′ 與 C 平行。因為它不會與 C 相交，必須落入 C 的這邊或那邊，在面積為 A 的兩個半圓之一的內部。但是這樣 C′ 圍起來的面積就會小於 A，這是不可能的，因為每個大圓包圍起來的面積，都剛好是 A。

　　所以平行公設以令人瞠目結舌的方式失敗了。（在玻亞伊的幾何裡，情況正好相反：那裡有太多而非太少的平行線，事實上通過 P 與 L 平行的線有無窮多條。你可以想像這種幾何會有點難以視覺化。）

　　沒有兩條線會平行這種奇怪條件，聽起來並非全然陌生，那是因為我們其實曾經遇過。那就是我們在射影平面看見的狀況，布魯內勒斯基跟他的同輩畫家曾用來發展透視法。*射影平面上每一對線都會相交，這不是純粹的巧合，因為我們能證明球面上黎曼的「點」與「線」的幾何，其實跟射影平面完全相同。

　　當解釋成球上的「點」與「線」時，頭四條公設為真，但第五公設則否。如果第五公設是頭四條公設的邏輯推論結果，則球的存在會是一個矛盾。第五公設就同時為真（從頭四條公設為真得來）又為偽（從我們對於球的所知）。使用歸謬法，這就意味球不得存在。但是球確實存在，所以第五公設不可能由頭四條公設來證明。證畢。

　　看起來有些太費氣力去清除地板的汙痕了。然而證明這種類型

---

* 那些畫家沒必要也不會去發展射影平面的正式幾何理論，他們知道如何用畫筆在畫布上表現出來，就足夠達到他們的目的了。

命題的動機，並非只是過度關注美感（不過我也不能否認那種感覺確實也發生了作用）。道理是這樣的：一旦你知道頭四條公設可以應用到許多不同的幾何時，任何歐幾里得幾何裡，只用到那幾條公設證明出來的定理，都必然為真，不僅在歐幾里得幾何裡為真，在所有那四條公設成立的幾何裡也都為真。這就好像某種數學威力增強機，從一個證明裡你就能得到許多定理。

這些定理所論斷的東西，並非為了強調某種論點而捏造的幾何。在愛因斯坦之後，我們已經知道非歐幾何不只是一個遊戲，不管喜不喜歡，它就是時空實際上看起來的樣子。

數學的形式主義

這是數學裡一再重複的故事：我們發展出解決某個問題的方法，如果它是好方法，確實包含了新的觀念，我們通常會發現同樣的證明能用到許多不同的場合，有些與來源差別甚大，分別宛如球與平面，有些甚至差異更大。此刻，年輕的義大利數學家卡拉梅優（Olivia Caramello）正激起一陣漣漪，她宣稱掌控許多不同領域的數學理論，在表面底下其實緊密連結。如果你喜歡用術語講，那它們都是「用相同的格羅滕迪克拓樸斯（topos）來分類」。因此，在一個數學領域裡證明的定理，可以不費氣力的轉移成另一個領域裡的定理，而且表面上的樣貌全然不同。現在判斷卡拉梅優是否像玻亞伊一樣真的「創造出一個新奇宇宙」還為時過早，不過她的工作相當程度的遵循了包含玻亞伊在內的悠久數學傳統。

這項傳統稱為「形式主義」。哈地曾經以讚揚的口吻說，十九世紀的數學家總算開始發問：

$$1 -1 + 1 - 1 + \cdots$$

應該定義成什麼,而不是爭論它是什麼,這就是形式主義關注的事。他們以這種方法避免先前咬緊數學家的那些「不必要的困惑」。從最純粹的形式主義觀點來看,數學變成是用符號與文字玩的遊戲。命題之所以會成為定理,是因為經由邏輯的步驟能把它從公設推導出來。然而,公設與定理到底指謂何事,意義為何,卻有待攫取。什麼是點、線、青蛙、金橘?它們可以是任何按照公設命令行事的東西,我們選擇的意義,是合適我們當下需求的意義。純粹的形式幾何學,是你原則上能運用,且根本不需要看過或想像過點與線長得什麼樣子的幾何學;是把日常理解的點與線在這個系統裡像什麼樣子,變成毫不相干的幾何學。

定義最重要

從哈地的觀點看來,康道塞的苦惱應屬最不必要的困擾。他會勸告康道塞,不要問誰才是真正最佳的候選人,甚至誰才是公眾有意送進首長辦公室的候選人,而是應該定義哪位候選人是公眾的選擇。這種以形式主義看待民主的態度,在今日的自由世界裡或多或少已普遍。2000 年美國總統大選在佛羅里達的激烈戰局中,棕櫚灘郡有上千位選民以為票投給了高爾,事實上卻算在古老保守的改革黨候選人布坎南名下,這是因為所謂的「蝴蝶票」設計讓人搞混了。如果高爾得到那些票,他就會贏得佛州,也會贏得總統大位。

但高爾就是沒得到那些選票,甚至沒有認真的為獲得那些選票而爭論。我們的選舉制度屬於形式主義:算數的是選票上所做的記

號，而不是任何我們認為足以顯示選民心中所想的徵兆。康道塞會關心選民的意向，而我們，至少官方是不管此事的。康道塞也會關心那些投給納德的佛羅里達人。看來可以穩當的說，那些人會喜歡高爾甚於小布希。我們由此可見，高爾應該是康道塞公設所宣布的贏家：多數人喜歡他甚於小布希，而有更大多數的人喜歡他甚於納德。但是那些偏愛與我們的制度無關。投票所蒐集的那張紙上，出現記號最多的才是我們定義的公共意志。

當然，即使是數目也能引起爭議：我們如何計算稱為「藕斷絲連的孔屑」，那些因為打孔不完全產生的選票呢？從海外軍事基地郵寄回來的選票，有些無法確認是在選舉日當天或之前所投遞，又該怎麼辦？佛羅里達州各郡該重新計票到什麼程度，才能盡可能精準得到實際投票的數目？

最後這個問題一路吵進了最高法院，總算在那兒獲得解決。高爾的團隊要求在特定的幾個郡重新計票，佛羅里達州最高法院都已經同意了，但是最高法院卻說不行，判決小布希領先 537 票成為定局，讓他贏得大選。重新計票也許會產生更精確的票數，但是法院說，這不是選舉的最重要目標。只重新計算某些郡的票數，卻不計算別的郡，大法官說這對於沒有重算選票的選民不公平。州政府的正當職責不是去盡量算準票數（知道實況），而是遵照形式規章所言，用哈地的話來說，就是該定義誰為勝利者。

更一般的說，法律上的形式主義表現在堅守程序與法條條文，特別是跟常識發生扞格之時。大法官史卡利爾是司法形式主義最強力的支持者，很直接的說：「形式主義萬歲。正是它讓政府有法治，而非人治。」

　　史卡利爾的觀點是，當法官嘗試理解法律原意，或精神為何時，無可避免會遭自己的偏見與欲望蒙蔽。最好還是守緊憲法與法令條文，把它們當做公設，用像邏輯演繹的方式，從它們導出判決。

　　在刑事法的問題上，史卡利爾同樣信服形式主義：開庭判決什麼為真時，根據定義，它就為真。在 2009 年戴維斯（Troy Anthony Davis）一案中，史卡利爾寫的不同意見書裡，把這種立場表達得特別清晰。他論證已經判決定讞的謀殺犯，不應再給予提供新證據的聽證會，即便原來九位證詞對他不利的證人，已經有七位推翻證詞：

　　本法庭「從未」主張憲法禁止處死某位已判決定讞的被告，該被告曾得到完整與公平的審判，但後來卻有辦法說服人身保護令法庭，他「事實上是」無辜的。

　　（對於「從未」及「事實上是」的強調，都出自史卡利爾手筆。）

　　就法庭涉及的部分而言，史卡利爾認為有關係的是經過陪審團達到的判決。不管他有沒有殺人，戴維斯就是謀殺犯。

棒球裁判

　　首席大法官羅伯茲（John Roberts）不像史卡利爾那麼樣熱烈鼓吹形式主義，但是他對史卡利爾的哲學觀產生共鳴。在 2005 年的任命聽證會上，他有一段流傳甚廣，以棒球比喻自己職責的發言：

法官與司法都是法律的僕人，而非倒轉過來。法官就像棒球賽的裁判，裁判並不制定規則，而是執行規則。裁判與法官的角色極為關鍵，他們確定每個人都照規矩走。然而他們的角色也是有限的，沒有人去看棒球賽是為了看裁判。

羅伯茲也許不知道，他其實呼應了綽號「老仲裁」的克蘭姆（Bill Klem），這位在國家聯盟裡執法近四十年的前裁判說過的話：「裁判表現最好的球賽，就是賽後觀眾都不記得誰是裁判的球賽。」

其實裁判的作用並不全如羅伯茲與克蘭姆說的那樣，因為棒球是一種形式主義的運動。想要理解這一觀點，就請看看 1996 年美國聯盟冠軍賽的第一場，巴爾的摩金鶯對上了紐約洋基，在紐約布朗克斯洋基球場比賽。第八局下半巴爾的摩領先，洋基游擊手基特朝右外野擊出了一支高飛球，球飛越了巴爾的摩救援投手班尼提茲（Armando Benitez），打擊得很好，但是中外野手塔拉斯科（Tony Tarasco）仍有補救的機會，他站在落球點下準備接球。這時坐在外野席第一排的 12 歲洋基球迷梅爾（Jeffrey Maier），突然伸手到全壘打牆內，把球抓進看台。

基特知道那不是全壘打，塔拉斯科與班尼提茲知道那不是全壘打，五萬六千位洋基球迷也知道那不是全壘打，但是洋基球場裡唯一沒看到梅爾把手伸進牆的人，就是最事關緊要的裁判賈西亞（Rich Garcia），他宣判那球是全壘打。基特並不想改變裁判的判決，更不會拒絕踩過每個壘包，跑完造成平手的那一圈。沒有人預期到他打出的是全壘打，然而棒球是形式主義的運動，裁判說是什麼就是什麼，別無歧異。或正如克蘭姆說的：「在我還沒宣判之

前，它什麼都不是。」這是職業運動人士有關球賽本質問題，發表過最露骨的言論。

不過這種狀況略微有些改變。自 2008 年開始，裁判不確定球場上到底發生了什麼事時，可以參看重播的錄影。這種做法當然有益於做出正確判決，然而很多資深棒球迷卻感覺，這有點自外於此項運動的精神。我是這類球迷之一，我打賭羅伯茲也是。

並非每個人都接受史卡利爾的法律觀，（請注意他在戴維斯一案裡居於少數的一方）。在「阿特金斯訴維吉尼亞州」一案中我們看過，憲法裡的文辭，像是「殘忍且不尋常」，留有很大的解釋空間。如果連歐幾里得都在公設裡留下曖昧之處，我們如何能冀望憲法起草者不會呢？司法現實主義者，像是擔任過法官及芝加哥大學教授的帕斯納（Richard Posner）論證，最高法院的司法權限從來不是像史卡利爾所說那樣，只在操作形式規則：

大多數最高法院同意去裁定的，都是一些難以論斷的案子。這些案子不能像常規的法律推理，大量依據憲法與法律條文的語言及先例來下判斷。如果它們能夠用本質上語意的方法決定，它們早在各州最高法院或聯邦上訴法院裡，無異議的獲得解決，根本不需要送進最高法院來檢討。

從這種觀點來看，能勞動到最高法院的困難法律問題，是那些連公設都留下來待確定的問題。從前巴斯卡發覺自己無法一路推論到獲得上帝是否存在的結論，現在法官的立場跟巴斯卡相同。然而又正如巴斯卡寫的，我們沒有不玩這場遊戲的選擇。不管能不能從

常規司法推論做出判決，法庭終究是要做出判決。有時候只好採取
巴斯卡的途徑：如果理性無法決定判決，就選擇後果最好的判決。
根據帕斯納的看法，這就是司法最終在「小布希訴高爾」案裡走的
道路，連史卡利爾也上了同艘船。帕斯納說，最高法院達成的裁
決，並沒有真正得到憲法或司法先例的支持。那是一項實用性的裁
決，用以切斷漫長歲月裡選舉會造成混亂的機會。

矛盾的幽靈

　　形式主義有一種樸實的優雅，會吸引像哈地、史卡利爾，以及
我這類人，理論具有的優良嚴謹，那種能防衛好門戶不讓矛盾溜進
來的感覺，深受我們喜愛。然而永不動搖的堅持原則並不容易，有
時那麼做也不見得明智。甚至史卡利爾偶爾也會讓步，當法律從字
面上看好似需做出荒唐裁決時，也有必要把字面擺在一旁，去合理
猜測國會的本意。同樣的，不管科學家怎麼主張他們的原則，沒有
人情願受顯著性規則嚴格綑綁。當你做兩項實驗，其一檢驗某種理
論上很有前景的臨床治療法，另一檢驗死鮭魚會不會對浪漫的照片
有情緒反應，兩項實驗都成功達到 0.03 的 p 值，但是你不會真正
同等對待兩種假設。你要抱持更加懷疑的態度去對待荒唐的結論，
哪還管它什麼規則不規則。

　　在數學裡，形式主義最有力的支持者是德國數學家希爾伯特，
他在 1900 年於巴黎舉行的國際數學家大會上，曾經公布 23 條問
題，相當程度決定了二十世紀數學的走勢。希爾伯特如此受尊敬，
即使在百年之後，任何工作只要與他的問題沾上邊，都會多增加一
點光環的亮度。我曾經在俄亥俄州哥倫布市遇到一位研究德國文化

的歷史學家，他告訴我，現在數學家圈裡仍經常可見穿涼鞋還穿襪的人，就只是因為當初希爾伯特有這種偏好。我找不到這種說法為真的證據，但是我喜歡相信這是真的，也讓人對於希爾伯特的影響之深遠有正確的印象。

許多希爾伯特的問題不久就解決了，但是也有像我們曾在第12章裡講過的，關於最緊密球體裝填的第18問題，是直到晚近才獲得解決。還有些仍然沒解決，但得到熱烈探討。如果你能解決第8問題的黎曼假設，克雷基金會將給你百萬美元的獎金。偉大的希爾伯特也搞錯過一個地方：在他的第10問題裡，他要問是否存在演算法，使得任給一個方程式，演算法會告訴你有沒有整數解。在1960與1970年代的一系列論文中，戴維斯（M. Davis）、馬蒂亞塞維奇（Y. Matijasevic）、普特南（H. Putnam）以及羅賓森（J. Robinson）等人證明不存在此類演算法。（全球的數論學家都大大的鬆了一口氣，倘若真有形式的演算法能解決我們多年無法解決的問題，那會讓人感覺有些洩氣。）

希爾伯特的數學夢想

希爾伯特的第2問題跟其他問題都不一樣，因為它不算是數學問題，而是關於數學本身的問題。他開頭就全力背書形式主義的數學研究方法：

我們著手探討科學的基礎時，必須先建立好公設系統。對於該學科裡初等概念間的關係，這套系統會提供精確與完備的描述。如此建立的公設，同時也就定義了那些初等概念。除非能從公設經由

有限步驟邏輯推理導出，任何屬於我們正在檢驗基礎的學科裡的命題，都不允許當成正確的命題。

希爾伯特發表巴黎演說時，已經重訪過歐幾里得的公設，把其中曖昧的痕跡都清理掉，他重寫了幾何的公設，並且嚴格排除任何像幾何直觀的訴求。他炮製出的公設系統，真的把「點」與「線」換成「青蛙」與「金橘」也同樣有意義。希爾伯特有一句名言說：「在任何場合我們必須都能不直接說點、直線、平面，而說成是桌子、椅子、啤酒杯。」希爾伯特新幾何的一位早期粉絲就是年輕的沃德，他還在維也納當學生的時候，就證明某些希爾伯特公設能從其他公設導出，顯示希爾伯特的公設有機會擴充。[*]

皮亞諾公設

希爾伯特並不是改造了幾何就滿意了。他的夢想是創造一個純粹形式化的數學，在其中一個命題為真的意思，不多不少就是說，它遵守遊戲開始時定下的規則。那是史卡利爾會喜愛的數學。希爾伯特心目中的算術公設，最初由義大利數學家皮亞諾（Guiseppe Peano）所寫出，是幾乎看不出會引起有趣問題或爭議的系統。公設的敘述包括諸如：「零是一個數」，「如果 x 等於 y，而 y 等於 z，則 x 等於 z」，「如果緊接在 x 之後的數，正是緊接在 y 之後的數，

---

[*] 有些史學家把當今過度數學化的經濟學溯源到此時，認為是通過沃德及其他 1930 年代維也納的青年數學家，結合了希爾伯特的風格與強烈的實用興趣，才把公設化的習慣從希爾伯特轉交給經濟學。這種說法詳情請參閱韋恩特勞勃（E. Roy Weintraub）的書《經濟學如何成為一門數學科學》（*How Economics Became a Mathematical Science*）。

則 x 與 y 是同一數」，都是些我們認為不證自明的真理。

皮亞諾公設最驚人之處，在於能從如此平凡的開端，生長出一大片的數學。公設表面上僅在討論整數，但是皮亞諾自己證明，從他的公設開始，然後純粹按照定義及邏輯演繹，還可以定義有理數並且證明出它們的基本性質。*十九世紀的數學飽受混淆與危機之苦，一些在分析與幾何裡廣為人接受的定義，都被挑出邏輯上的缺陷。希爾伯特看出形式主義可以成為重新清淨出發的道路，將一切建立在如此基本而完全沒有爭議的基礎上。

但是希爾伯特的方案上籠罩著一個陰魂不散的幽靈——矛盾的幽靈。來看看一場夢魘的情景。數學家社群同心協力一起工作，重新建立整個數論、幾何以及微積分的大廈，他們由公設奠下的基礎開始，把一塊塊定理製成的磚向上堆砌，按照演繹的規則一層接合前一層。然後，有一天在阿姆斯特丹的一位數學家，證明某項數學斷言確實如此，但是在京都的另外一位數學家，卻證明並非如此。

現在該怎麼辦？我們從無可懷疑的斷言出發，最後抵達了矛盾。歸謬法。你應該下結論說公設是錯誤嗎？或邏輯演繹本身的結構出了什麼毛病？幾十年來建立在那些公設的工作，你又該拿它們怎麼辦？†

希爾伯特給齊聚巴黎的數學家提出的第二個問題如下：

---

* 皮亞諾會處心從理性原則出發，建立了人工語言，也許不全屬巧合。他曾經建立稱為「無詞尾變化拉丁語」（Latino Sine Flexione）語言，還用這種語言書寫他晚年的一些數學著作。

† 姜峯楠（Ted Chiang）在 1991 年寫的短篇小說《除以零》（*Division by Zero*），探討的就是一位不幸遭遇這種矛盾的數學家，所經歷的心理創傷。

　　在我們可以問公設的許多問題裡，我希望把下面這個問題當成是最重要的問題：證明公設不會發生矛盾，也就是說，以它們為基礎，經確定數目的邏輯步驟後，絕對不會導出相互矛盾的結果。

　　我們很想斷言這種可怕的結局永不發生。怎麼可能會發生呢？公設都顯然為真。但是古代希臘人認為兩個幾何量的比必然是等於兩個整數的比，他們也曾把這個當成明顯的真理，直到畢氏定理把整個架構都攔截掉，還搞出一個冥頑不靈又無理的根號 2。數學有一個討人厭的習慣，就是有時候明明是顯然為真的東西，它卻能證明為絕對錯誤。

　　看看德國邏輯學家弗雷格（Gottlob Frege），他跟希爾伯特一樣，也在努力鞏固數學的邏輯支撐。弗雷格關注的焦點不是數論而是集合論。他同樣從一系列公設開始，那些公設顯然為真到幾乎沒有陳述的必要。在弗雷格的集合論裡，集合不過就是把一些稱為元素的物件放到一處。我們經常用大括弧 {　} 來表示集合，把它的元素放在括弧中間，所以 {1, 2, 豬} 就是以數目 1、數目 2、豬為元素的集合。

　　當有些元素滿足某種性質，而其他元素不滿足時，就存在一個集合，剛好蒐集了所有滿足特定性質的元素。用夠通俗的話來說：有一個由所有豬構成的集合，那些豬裡，黃色的構成一個集合，就是黃豬的集合。很難在這裡挑剔什麼，可是這些定義是真的、真的很廣泛。一個集合可以是一堆豬、實數、觀念、可能的宇宙，或者其他的集合。就是最後那傢伙惹出了一堆麻煩。所有的集合有沒有構成一個集合？當然有。所有無窮集合的集合？為什麼不可以

有？事實上，這兩種集合都有一種令人好奇的性質：它們是自己的元素。例如：無窮集合構成的集合，自己顯然是無窮集合；它的元素包含像下面的這些集合

　{所有整數}
　{所有整數，再加上一頭豬}
　{所有整數，再加上艾菲爾鐵塔}

　等等，等等，顯然沒完沒了。

　我們或許可以把這種集合叫做銜尾蛇式的，因為古代神話裡有一條非常飢餓的蛇，牠從自己的尾巴吃起，直到把自己吃光。所以無窮集合的集合是銜尾蛇式的，但是 {1, 2, 豬} 不是，因為它裡面每一個元素都不是 {1, 2, 豬} 自己；所有元素不是數，就是農家動物，但就不是集合。

　現在要來最關鍵的玩意了。令 NO 為所有非銜尾蛇式集合的集合。NO 看起來像是怪胎，不過只要弗雷格的定義允許它存身於集合的世界，我們就必須同樣允許。

　NO 自己是不是銜尾蛇式的集合？也就是說，NO 是不是 NO 的元素？從定義來看，如果 NO 是銜尾蛇式的，則 NO 不能在 NO 裡面，因為它裡面只包含非銜尾蛇式的集合。但是要說 NO 不是 NO 的元素，就恰恰好是說 NO 是非銜尾蛇式的，它自己不會包含自己。

　但是等一下，如果 NO 是非銜尾蛇式的，則它就應該是 NO 的元素，因為 NO 是所有非銜尾蛇式集合的集合。現在 NO 終究是

NO 的元素了，也就是說 NO 還是衛尾蛇式的。

如果 NO 是衛尾蛇式的，則它不是。如果 NO 不是衛尾蛇式的，則它是。

羅素悖論

這差不多就是年輕的羅素（Bertrand Russell）在 1902 年給弗雷格信中的內容。羅素曾經在巴黎的國際數學家大會遇見過皮亞諾，至於他有沒有去聽希爾伯特的演講就不得而知了。無論如何，把數學化約到一系列從基本公設出發的演繹步驟，此一發展方案也少不了他這一員。*羅素的信開始的口氣好像是老邏輯學家的小粉絲：「在所有主要論點上，我認為自己都與你相合，特別是你從邏輯裡排除所有的心理因素，你賦予數學及形式邏輯概念符號系統的價值。附帶一提，數學與形式邏輯幾乎難以區分。」

不過接著他就說了：「我只在一個小地方碰上困難。」

然後羅素解釋了 NO 的窘境，現在則稱為羅素悖論。

對於弗雷格還沒出版他的《基礎》（*Grundgesetze*）的第二卷，羅素在信尾表示遺憾。弗雷格接到羅素的信時，其實第二卷已經寫完付梓。雖然羅素語氣很客氣（「我碰上一個困難」，而非「嗨，我剛把你畢生心血搞完蛋了」），弗雷格立刻知道羅素悖論對他的集合論會發生什麼影響。要改寫書的內容已經太遲，他只好匆匆添加了

---

* 如果我們要更精準一些，那麼羅素不能算是形式主義者。像希爾伯特這種形式主義者，宣稱公設只是一串符號，沒有固定的意義。羅素是「邏輯主義者」，他認為公設是有關邏輯事實的真命題。兩群人都有強烈的興趣要搞清楚，從公設裡能推導出什麼命題。你關心兩群之間差異的程度，是你會不會喜歡去研究所念分析哲學的良好量尺。

一段補充說明，把羅素具毀滅性的洞識列出。弗雷格的解釋恐怕是在數學專門書裡從未有過的哀傷句子：「當一本書即將問世，它的基礎卻完全崩潰，這是身為學者最不樂見的遭遇了。」

偶爾用一下形式主義

希爾伯特跟其他的形式主義者，都不想看到好似定時炸彈的矛盾有機會潛藏在公設裡；他需要可以保證不會發生矛盾的數學架構。這並不是說希爾伯特真的認為算術裡很可能隱藏著矛盾。只是像大多數的數學家，甚至大多數的普通人一樣，他相信標準的算術規則是關於整數的真命題，所以不可能發生相互矛盾。但是這樣的想法並不完全令人滿意，它需要依賴一個先備條件，就是整數真實的存在。對許多人來說，這是一個惱人的論點。

康托在數十年前，首次把無窮的概念放置在某種堅實的數學基架上。但是他的工作不容易吸收，也很難得到普遍的接受，而且有相當大群的數學家感覺，只要證明需倚賴無窮集合的存在，都應該加以懷疑。說是有個數叫 7，大家都願意接受。說是有個包含所有數的集合，就會引起問題。希爾伯特很清楚羅素對弗雷格做了什麼，也敏銳的知道，不慎重處理有關無窮集合的推論會引起什麼樣的危險。他在 1926 年寫道：「一位細心的讀者會發現數學文獻裡，充斥著源頭來自無窮的空洞與荒謬。」（這裡的口氣放到史卡利爾某些火大的不同意見書裡，也相當搭配。）希爾伯特尋求有關相容性的有限性（finitary）證明，在那種證明裡不會指涉到任何無窮集合，以致每個理性心靈都不得不完全接受。

但是希爾伯特將會很失望。在 1931 年，哥德爾（Kurt Gödel）

證明了他著名的第二不完備定理，針對算術的相容性，定理顯示不可能存在有限性的證明。他差不多是把希爾伯特的方案一刀砍死。

那麼你應該擔憂所有的數學都會在明天下午全盤瓦解嗎？不管它價值何在，我是不會擔憂的。我真的對無窮集合有信心，我認為使用無窮集合達成的相容性證明，足夠可靠到讓我晚上安穩入睡。

大部分數學家都跟我一樣，但是也有一些異議者。普林斯頓大學的邏輯學家尼爾森（Edward Nelson）在 2011 年散布對於算術的不相容性的證明。（幾天之內陶哲軒就在尼爾森的論證裡找出錯誤，讓我們大家鬆了口氣。）

目前任職於普林斯頓高等研究院的菲爾茲獎得主沃沃斯基（Vladimir Voevodsky）在 2010 年引起一陣騷動，因為他說，看不出有任何理由可以安心的認為算術是相容的。他與一群國際上的合作者，有他們自己對於數學新基礎的提議。希爾伯特雖然從幾何開頭，但很快就看出算術的相容性是更基本的問題。與希爾伯特相對比，沃沃斯基的研究群主張，幾何才是最根本的東西，不是隨便哪一種會讓歐幾里得感覺熟悉的幾何，而是一種摩登的幾何，稱為同倫理論（homotopy theory）。這類數學基礎能夠免除懷疑與矛盾嗎？過二十年再來問我，這種事情非常耗費時間。

雖然形式主義方案垮台了，但是希爾伯特做數學的風格卻活下來了。即使還沒有出現哥德爾的結果，希爾伯特就明白表示，他並沒有意思說，在創造數學時，應該基本上遵從形式主義的方法。那太困難了！即便幾何可以重新裝扮成操作無意義的符號串，但是要想生出幾何概念，沒有人能夠不畫圖、不想像圖像、不把幾何的物

件當真實的東西。

我的哲學系朋友通常會認為,這種稱為柏拉圖主義的觀點有些聲名狼藉,15 維空間裡的超立方怎麼可能是真實的?我只能回答,我感覺它們跟山岳一樣真實。無論如何,我能夠定義一個 15 維空間裡的超立方,你能對山岳做同樣的事嗎?

然而我們是希爾伯特的後裔,我們在週末跟哲學家朋友喝啤酒,哲學家會跟我們爭辯研究對象的狀態,* 我們就躲進形式主義的堡壘裡,並且辯解:當然,我們使用幾何直觀來搞清楚到底怎麼回事,然而我們最終知道,我們所說的為真是因為圖像之後有形式的證明。依照戴維斯(Philip Davis)與賀許(Reuben Hersh)有名的說法:「標準的數學家除了星期天是形式主義者外,一週內其他日子都是柏拉圖主義者。」

希爾伯特並不想毀壞柏拉圖主義,他想讓柏拉圖主義能安全存身於世界裡。他把幾何安置在不可動搖的形式基礎上,使得我們除了在星期天之外的一週裡,都能心安理得。

數學不是天才的專利

我一直在強調希爾伯特的角色,他當然了不起,然而過分注意閃亮的巨星也會有風險,那會讓人以為數學是少數孤單天才的活動天地,他們天賦異稟,有能力開拓出道路讓天下人景從。

故事很容易用那種方式來講,在某些情況下,像是拉曼努江(Srinivasa Ramanujan)的故事,就屬此類。拉曼努江是來自南印度

---

* 他們真的會幹這種事!

的神童，從幼年起就有出人意表的原創數學觀念，他自稱是女神 Namagiri 給他的啟示。他在完全自外於數學主流的狀況下工作了好多年，只從少數幾本書去接觸當代的題材。到 1913 年他總算與數論圈連上線，那時他在一系列筆記本裡，已經寫下差不多四千條定理，其中有好些到現在還是熱門的研究題材。（女神給了拉曼努江那些定理的敘述，卻沒有證明──我們這些拉曼努江的後繼者需要去補齊。）

　　然而拉曼努江是極端的例子，就是因為他的故事太不尋常，所以才經常為人稱道。希爾伯特開始時雖然是非常好的學生，但並非特別傑出，他絕不是科尼斯堡最聰明的青年數學家，那個頭銜應給小他兩歲的明可夫斯基（Hermann Minkowski）。明可夫斯基後來也有傑出的數學生涯，不過不能與希爾伯特相比。

　　教數學過程中最感痛苦的一種事情，就是看到學生遭這種對天才的膜拜傷害。天才膜拜告訴你，除非你在數學裡是最棒的，否則就不值得做數學，因為只有少數特殊人物的貢獻才算數。對於任何其他學科，我們都不會抱持這種態度！我從來不曾聽到學生說：「我喜歡《哈姆雷特》，但我並不真正屬於進階英文班，而坐在第一排的那個小鬼懂得所有的戲劇，他從九歲起就在讀莎士比亞了。」運動員也不會因為有隊友比他更發光，就打退堂鼓不幹了。然而，我每年都會看到年輕的數學家決定放棄，雖然他們愛好數學，可是在他們的眼界裡，有人已經「超前」了。

　　我們因而喪失了一大批主修數學的學生，於是我們也就喪失了許多未來的數學家，但這還不是問題的全貌。我認為我們需要更多主修數學的學生，而他們並不需要成為數學家。更多主修數學的醫

生，更多主修數學的高中教師，更多主修數學的總經理，更多主修數學的參議員。除非我們拋棄只有天才兒童才值得念數學的陳腐偏見，否則我們距離那種局面還遠得很呢！

對天才的膜拜也會降低對艱苦工作的評價。我剛起步的時候，以為「艱苦工作」隱藏貶抑，用來講那些不能真心說他聰明的學生。保持注意力並把精力聚焦在一個問題上，有系統的對它一再分析，即使表面看來毫無進展，也要在任何像是罅隙的地方往裡鑽，這種艱苦工作的能力不是人人都具備的。心理學家現在稱之為「意志力」（grit），沒有它是無法做數學的。我們很容易忽視了努力的重要，因為當數學靈感最終來臨時，會感覺好像全不費功夫而且即時。

我還記得我證明過的第一個定理；當時我在大學努力寫畢業論文，然而我完全卡住了。有一天晚上，我出席校園文藝雜誌的編輯委員會，一面喝紅酒，一面有一搭沒一搭的，參與討論那些無聊的短篇小說。突然之間腦中靈光一閃，我完全清楚該如何繞過障礙了。雖然缺乏細節，但沒關係，我心中毫無懷疑問題已經解決。

數學創造的歷程經常是如此現身。法國數學家龐卡萊針對他在1881 年所做的幾何突破，有下面這段很有名的回憶：

抵達古坦斯（Coutances）之後，我們想要搭公車往什麼地方去。正當我的腳剛踏上公車台階，一個觀念突然來到腦海，我先前所有的想法好像都不曾為它的現身鋪路，我發現定義富克斯（Fuchs）函數與非歐幾何的變換其實相同。我沒有馬上驗證這個觀念，因為我不可能有時間。一旦在公車內坐下，我還得繼續已經跟別人開了頭的談話。但是我感覺到全然確定，等我回到康城

（Caen），為了安心起見，我趁空驗證了那個結果。*

　　龐卡萊其實有解釋，事情並非真正發生在公車台階的空間裡。幾星期來的有意識及無意識的工作，已經準備好心智可以做出必要的連結，所以才產生出那一瞬間的靈感。不管你是多麼了不起的神童，乾坐在那兒等待靈感上門，必然導致失敗。

天才是一種發生了的事

　　要我這麼說其實也不太容易，因為我就曾經是那類的神童。我從六歲起就知道我要當數學家。我去上一些遠超過我的年級的課，又在各類數學比賽裡得到一堆獎牌。我也相當確信上大學時，那些與我一起參加數學奧林匹亞時的競爭者，都會成為我這個世代的大數學家。事情並沒有如我想像的那樣發展。那群年輕明星裡是產生了許多傑出的數學家，例如獲得菲爾茲獎的調和分析學家陶哲軒。但是現在跟我一起工作的數學家，在 13 歲的時候並非金牌選手，他們沿著不同的時間尺度發展自己的能力與天賦，難道他們應該在中學時就放棄嗎？

　　我想學習數學的經驗也能適用到更廣泛的範圍，當你在其中浸淫很久之後，你會發現總是有人比你超前，不管他們當年是否跟你同班過。剛起步的人會看到那些證出好定理的人，已經證出一些好定理的人會看到那些證出很多好定理的人，證出很多好定理的人會

---

* 摘自龐卡萊的文章〈數學的創作〉（Mathematical Creation），如果你關心數學創造力，或任何類型的創造力的話，我強力推薦你讀這篇文章。

看到榮獲菲爾茲獎的人，榮獲菲爾茲獎的人會看到「核心圈」裡的菲爾茲獎得主，而那些人總是可以看到過往的大師。不會有人看著鏡子，然後說：「讓我們面對真相吧，我就是比高斯還聰明。」然而，在過去百年之中，這些比高斯還笨的傢伙透過通力合作，產生了這個世界空前花團錦簇的數學。

數學是群體的事業，雖然我們會對放上最後一塊磚的人給予特別的榮譽，但是每一次的增長，其實是巨大心智網路朝共同目標努力的成果。馬克吐溫說得好：「需要上千的人力才能發明電報，或者蒸氣機，或者留聲機，或者電話，或者任何其他重要的東西，最後一個人記下了功勞，其他人都遭遺忘。」

這很像玩美式橄欖球。當然，會有那麼一些片刻，一位球員抓住了整場球賽的焦點，我們會記住那些片刻，讚揚那位球員，日後還不斷津津樂道。但那不是橄欖球的常態，也不是大部分球賽獲勝之道。四分衛完成一個炫目長投而讓飛奔的外接員能達陣時，你看到的是許多人工作的和鳴：不僅僅是四分衛與接球員，還有那些攻擊線鋒能擋住對方防衛不得衝破，才使四分衛有足夠的時間準備好並投出球；護駕任務所以能達成，也仰仗跑衛假裝接到短傳，在關鍵瞬間分散防衛者的注意力；此外，攻擊協調教練指揮如何進攻，他還有許多拿著記分板的助理教練，而協助訓練的職員幫球員保持在能跑能投球的良好狀況，……我們不會把這些人都叫做天才，但是他們創造了能讓天才出頭的條件。

陶哲軒寫道：

普通人心中有那種孤單（可能還有點瘋狂）的天才形象，他會

忽略文獻與其他傳統智慧，對那些讓專家倍感挫折的問題，卻能從難以解釋的靈感（或許是經歷痛苦後得到的），產生原創性解決的突破。這是令人陶醉且浪漫的，但也是極端不正確的形象，至少在現代數學的世界裡是如此。

在研究的主題上，我們當然會有讓人耳目一新，深刻又了不起的成果與洞識。但那是經歷數年、數十年，甚至數世紀，許多優良與偉大數學家持續努力與進步，最後辛苦贏得的集體成就。從一個階段的理解前進到下一個階段，都是非常曲折艱難，有時甚至出人意表，不過總是把前人的工作當基礎，而非一切重新來過……

今日數學研究的實況，是在直觀、文獻，以及一點運氣導引下，透過辛勤的工作，自然而然累積出進展的。我當學生時期所抱持的浪漫形象，認為數學的進展基本上是由一些稀有「天才」的神祕靈感所激發，與其相比，目前這種實況更讓人感覺圓滿。

說希爾伯特是天才並不是錯誤，然而更正確的說法是，希爾伯特所成就的事是天才。天才是一種發生了的事，而非一種人。

政治邏輯

政治邏輯不是一種形式系統，那種希爾伯特與數理邏輯學家意義下的形式系統。但是懷抱形式主義世界觀的數學家，不會不用類似的方法論去親近政治。其實希爾伯特自己是鼓勵這種做法的，他在 1918 年演講過〈公設法思想〉（Axiomatic Thought），倡議別的科學也採納在數學裡很成功的公設方法。

舉例來說，哥德爾曾經證明，從算術確定排除矛盾的可能性，

是無法達成的，他也研讀過美國憲法，因為他需要為 1948 年入籍美國的考試做準備。從他的觀點來看，憲法裡包含一種矛盾，可以使一位法西斯獨裁者完全依據憲法攫取整個國家。哥德爾的朋友愛因斯坦與摩根史坦求他在考試時別提這回事，不過根據摩根史坦回憶，考場裡的對話大體如下：

> 主考官：哥德爾先生，您從哪兒來？
>
> 哥德爾：我從哪兒來？奧地利。
>
> 主考官：您們在奧地利的政府是怎麼樣的？
>
> 哥德爾：共和政體，但是憲法卻使它最終轉變成獨裁。
>
> 主考官：啊！那就很糟了。這種事絕對不會在我國發生。
>
> 哥德爾：會的，我能夠證明給您看。

所幸主考官急忙更換了話題，而哥德爾也順利入籍公民。至於哥德爾從憲法找出的矛盾本質，似乎在數學史裡石沉大海，也許最好就這樣吧！

希爾伯特也無解

希爾伯特獻身邏輯原則與演繹法，常使他像康道塞一樣，在非數學事務上，採取令人吃驚的摩登觀點。*雖然會讓他付出

---

* 不過，亞歷山大（Amir Alexander）在他的書《無限小》（*Infinitesimal*）（紐約，FSG，2014）論證，在十七世紀時，由歐幾里得幾何做為代表的純粹形式主義立場，才和僵硬的貴族階級及耶穌會正統結盟。反而那種更為直覺卻不嚴謹、在牛頓之前的無窮小理論，會與比較前瞻而民主的意識型態綁在一處。

政治上的代價，他還是拒絕在 1914 年的〈致文化世界的宣言〉
（Declaration to the Cultural World）簽署。那份宣言為德皇在歐洲的
戰爭做辯護，列出一長串由「並非為真」結尾的推諉條款。「德國
違反了比利時的中立並非為真」等等。許多德國了不起的科學家，
像是克萊恩（Felix Klein）、侖琴、普朗克都簽署了該宣言。希爾伯
特非常簡單的說，他無法根據自己要求精確的標準，驗證那些問題
中的斷言不為真。

　　一年後，哥廷根的教授群要阻擋聘任傑出代數學家諾特
（Emmy Noether），理由是不可能要求學生去跟女人學習數學，希
爾伯特回應說：「我看不出來為什麼可以拿候選人的性別來反對聘
任，我們是大學，並非澡堂。」

　　但是理性分析的政治有極限。做為 1930 年代裡的年長者，隨
納粹權力的鞏固，希爾伯特看來愈來愈無法理解他的國家到底發生
什麼事。他的第一位博士生布魯門索（Otto Blumenthal）在 1938 年
來到哥廷根慶祝他的七六華誕。布魯門索雖然是基督徒，但出身於
猶太家庭，所以喪失了在亞琛的教職。（也就在這一年，沃德離開
了遭德國占領的奧地利，移居美國。）

　　瑞德（Constance Reed）在他為希爾伯特寫的傳記裡，描述了
生日慶祝會上的對話：

　　希爾伯特問：「你這學期在教什麼課？」
　　布魯門索輕柔的提醒他：「我不再教書了。」
　　「不再教書了，這是什麼意思？」
　　「他們再也不准我教書了。」

「那完全不可能啊！他們不能這樣做。除非教授犯罪，沒有人可以開除他。你為什麼不去尋求法律救濟呢？」

人類心智的進步

康道塞堅守他對政治的形式主義立場，即便不能符合現實也不動搖。康道塞循環的存在表示任何選舉制，只要遵守他的基本又看來無可置疑的公設，就是說當多數喜愛 A 甚於 B 時，B 不能獲勝，確有可能成為自我矛盾的犧牲品。康道塞耗費了一生最後的十幾年，和他的循環問題纏鬥，發展出愈來愈精緻的投票系統，想從集體矛盾的問題裡脫困。他一直都沒能成功。在 1785 年他相當絕望的寫道：「我們通常無法避免遭遇這類或許可稱為模稜兩可的決策，除非要求有巨量的多數，或只准許最為開明的人投票……如果我們無法找到足夠開明的選民，我們必須避免一種錯誤的選擇，就是只接受我們對其能力信任的人當候選人。」

然而並不是選民出了問題，而是數學出了問題。我們現在知道康道塞從開頭就註定會失敗。艾羅（Kenneth Arrow）在他 1951 年的博士論文裡，證明比康道塞更弱的公設系統就會導致矛盾，* 雖然該系統的要求看起來，跟皮亞諾的算術法則同樣難以發生懷疑。那是非常漂亮的成果，幫助艾羅在 1972 年獲得諾貝爾經濟學獎。但

---

* 艾羅定理不適用於所謂的「認可制」投票系統。在「認可制」下你不需要公布你的偏好排序，只要在選票上勾出喜歡的候選人，多少不拘，得到最多票的候選人就當選。多數我認識的數學家認為「認可制」或其修飾型，遠遠好過多數決與 IRV。使用過「認可制」的選舉包括選教宗、聯合國秘書長、美國數學學會的職員，但是還沒用來選美國的政府官員。

是康道塞肯定會失望，就像哥德爾定理讓希爾伯特大失所望那樣。

康道塞是硬漢，他也有可能不會感覺失望。當法國大革命腳步加快後，他那種態度溫和品牌的共和主義，很快就遭更激進的雅各賓派排擠出局了。康道塞先是在政治上遭邊緣化，然後被迫隱居以避免上斷頭台。不過康道塞堅信在理性與數學的導引下，進步是不可抵禦的。康道塞隱身在巴黎一處安全的住所裡，知道自己來日無多，他把對於未來的願景寫進名為《人類精神進步史表綱要》（*Sketch for a Historical Picture of the Progress of the Human Mind*）的書。這本書是一份驚人樂觀的文獻，描繪出科學的力量改變了世界，不再有從皇權、性別偏見、飢餓、老年引起的錯誤。下面這段是很有代表性的一段話：

> 我們可以期望人類能加以改良，個體與公眾的繁榮也得以發展，這將是無可避免的後果。改良的方法包括科學與工技的新發明；行為準則與道德實踐的繼續進步；我們在道德上、智識上、體能上各種能力的改善，這類改善來自兩方面：工具的改良使得運用各項能力的效能增加，或我們天賦的組織獲得改良。

現在《人類精神進步史表綱要》只是間接為人所知，它激發了馬爾薩斯（Thomas Malthus），他認為康道塞的預測過分陽光，因而去寫了他更為有名、更為陰鬱的人類前途的說明。

在《人類精神進步史表綱要》寫完不久，於 1794 年 3 月（或者按理性化的革命曆法來說是第二年芽月）康道塞遭捕下獄，兩天後他被發現已經身亡，有人說他是自殺，也有人說他是被謀殺。

雖然希爾伯特的形式主義方案遭哥德爾破壞，但是他做數學的風格延續至今。類似的，康道塞探討政治的途徑也在他身後長存。雖然我們不再希望找到滿足他的公設的投票制，但是對於康道塞更基礎的信念，就是一種量化的「社會數學」，我們依然相當投入。我們相信昔日的「社會數學」，也就是今日的「社會科學」，理應在決定政府的正當行為上發揮功效。這些是康道塞用足氣力在《人類精神進步史表綱要》裡談論的「工具的改良使運用各項能力的效能增加」。

康道塞的觀念已經徹頭徹尾與現代操作政治的方式交織在一起，我們幾乎已經不把它看成是一種選項。然而它是一種選項，而且我認為是正確的選項。

如何做才能正確

在大二升大三的那個暑假,我找到一個打工機會,是當一位公共衛生專家的助理,你馬上就會知道我為什麼不想提他的名字。他請數學系學生當助理,是因為他想知道,到 2050 年有多少人會感染肺結核。那就是我的暑期任務,要估算出來一個數字。專家給了我一個厚文件夾,裡面有關於肺結核的論文:在不同情況下傳染性有多高、通常的傳染途徑與最長的傳染時段、存活曲線與服藥比例,還有以上資料再加以細分的數據,包括年齡、種族、性別、HIV 的狀況。文件夾很厚,論文非常多,我開始著手工作,做數學系學生都會做的事:建立肺結核流行狀況的模型,利用專家提供的資料,估計不同人口群體隨時間的變化與互動,按照每十年一個段落列出,直到模擬終止的 2050 年。

我做出來的結果是這樣子的:對於 2050 年有多少人會得到肺結核,我毫無線索。每一項實證研究都有本質上的不確定性:他們認為傳染率是 20%,但也可能是 13%,甚或 25%。他們所能確認

的是絕不會是 60% 或 0%。每項這種小小的、局部的不確定性，會在模擬過程中瀰漫，而且模型裡相異參數的不確定性會彼此回饋，等到 2050 年時，雜訊會把信號湮滅。我可以讓模擬的結果變成任何我想要的樣子。也許到 2050 年根本沒有肺結核這種東西，或者也可能全世界大部分人口都感染了肺結核。我缺乏可以做為選擇依據的原則。

但是專家不想聽這一套，他給我薪水也不是想得到這種結論。他在我身上花錢是想得到一個數目，他很有耐心的一再要求我這麼做。他知道結果會有不確定性，但他說醫學研究本來就是這樣，不值得詫異，「把你最好的猜測給我就好」這是專家對我說的話。不管我怎樣爭辯，說任何單一的猜測都比不猜測更糟，他還是堅持要一個數字。既然他是老闆，最後我還是屈從了。我毫不懷疑事後他告訴許多人，到 2050 年會有 X 百萬人感染上肺結核。如果有人問他怎麼會知道，我敢跟你打賭他會說，他雇了一位能做數學的人。

什麼批評者才算數？

上面的故事好像我在建議一種懦弱的不犯錯方法：就是什麼話都不說，對任何困難的問題都聳聳肩，模稜兩可的回答：啊，一定會是這樣子，不過從另一方面來看，也有可能是那樣子。

很多人會是那樣，然而吹毛求疵的、澆人冷水的、猶疑不定的都不能成事。當我們要譴責那些人時，經常會引用老羅斯福卸任後不久，於 1910 年在巴黎的演講〈共和國的公民〉（Citizenship in a Republic）：

並非會批評的才算數；只會指出強人失足處，或行動有成者哪裡本來可以做得更好的，這類人都不能算數。功勞應該歸於真正在競技場上的人，他們的顏面滿布灰塵、汗水與血跡；他們雄赳赳大步向前進；他們會犯錯、會一再有不足之處，因為任何努力都不可能沒有錯誤與缺陷；然而實際奮鬥的人能成就功績；那些充滿熱忱衷心奉獻的人、那些投身有價值目標的人，他們最佳狀況就是終於抵達成就勝利的高峰，最差的狀況就是不幸失敗，至少是在勇往直前中失敗；他們的地位永遠不會與那些又冷漠又膽怯、既不知勝利也不知失敗的人為伍。

上面是經常受人引用的一段話，其實整篇演講都極為有趣，比現在任何一位美國總統願意發表的，都更長且內容更充實。你能夠找到一些我們在本書裡討論過的議題，例如老羅斯福談及金錢效用會遞減——

事實真相是如此，在具體物質上達成某種程度的成功，或得到應有的報酬，再與人生中其他可以做的事相比，增加財富的重要性會持續下降。

——還有「變得更像瑞典」的謬誤，就是說如果一件東西是好的，那麼愈多就愈好，反之亦然：

因為有些追求進步的人，可能走向荒唐的極端，就拒絕所有的改進；或因為一些極端份子的建議也有可取之處，就跟著走到荒唐

的極端；這兩者都同樣愚蠢。

老羅斯福在演講裡一再強調的主題，就是文明如果想存活，必須仰仗勇敢、講求常識、生育力旺盛的人，會勝過軟弱、講求書本知識、不育的人。* 他演講的地方是在索邦大學，那是法國的學術聖殿，此地是十年前希爾伯特公布二十三條問題的所在地。一尊巴斯卡的雕像正從高處下望。希爾伯特敦促聽眾裡的數學家，從幾何直覺與物理世界裡脫身，奔向愈來愈高升的抽象天地。

老羅斯福的目標恰好相反：他雖然嘴皮上恭維法國學界的成就，但卻很清楚的表明，要想創造強大的國家，書本學習只算是次等要緊。「這所偉大的大學代表了最高智識發展的花果，我在此演講，要先向智者以及他們精心的專業訓練致敬。然而，我還是要說，普通與日常的品行與美德更重要，我知道在場的各位一定會同意。」

不過，當老羅斯福說：「那些空論的哲學家，文雅又有教養的個人，他們從圖書館裡告訴我們，在理想條件下要如何治理人事，但這對真正的政府工作來說，一點用也沒有。」這讓我想起了康道塞，他花了大把的時間在圖書館裡，做的正是那些事，然而他比當時大多數更務實的人，對法國做出了更大的貢獻。

---

* 老羅斯福的觀點認為，分析性的書本學習，會與旺盛的生育力相反，在莎士比亞那裡表現得更直接。《奧賽羅》好戲開鑼第一場景裡，莎士比亞就讓伊阿古嘲笑他的對手凱西奧：「一位算學大家……從未領兵上戰場／對打仗布陣的所知／不比老處女更多。」就是戲裡這個地方，讓觀眾裡的每位數學家都明白，伊阿古是壞蛋。

　　老羅斯福對那些又冷漠又膽怯，坐在邊線當事後諸葛，評論戰士的人嗤之以鼻時，我不由自主的想起了沃德。就我所知，他一生從來沒因憤怒而拿起武器，但是他在美國的戰爭行動中有重要的地位，正是他提供諮詢給那些行動有成者，教他們如何做得更好。他沒有滿頭汗水、灰塵、血跡，但他的意見是正確的。他是可以算數的批評者。

這才是行動

　　我要拿阿什伯里（John Ashbery）與老羅斯福做對比。阿什伯里的詩〈即刻修補〉（Soonest Mended），是我所知把不確定性與啟示在人心中揉合，卻又不會彼此消融的最了不起的總結。比起老羅斯福那種衝鋒陷陣到遍體鱗傷，也不懷疑自己方向的人，阿什伯里描繪出更複雜、更精確的人生肖像。阿什伯里版本的哀傷又戲謔的公民，好似對老羅斯福〈共和國的公民〉的回應：

> 你看，我們倆都正確，雖然空無
> 差不多推向空無；化身
> 遵從規矩且活在
> 家園左右使我們成為——好吧，某種意味的「好公民」，
> 刷牙以及其他，學著接納
> 艱苦時刻的救濟當施捨仍在進行，
> 因為這才是行動，這種不能確定、漫不經心的
> 準備，播下種子會散落犁溝，
> 準備好去忘卻，總是再次復返

出發前的定錨處，久遠前的那一天。

　　因為這才是行動，這種不能確定！我常常像唸咒一樣反覆這個句子。老羅斯福一定會否認「這種不能確定」也算是行動，他會把它講成怯懦的騎牆派。空前傑出的馬克斯主義流行樂團「籠中鳥」（The Housemartins），在 1986 年唱出〈騎在牆頭〉（Sitting on a Fence），就是站到老羅斯福那邊，描繪出優柔寡斷政治溫和派委靡的形象：

　　坐在牆頭上的是擺盪在民調與民調之間的人
　　坐在牆頭上的是看到兩面的兩面的人
　　不過這個人的真正困境
　　是他說不行時其實他行……

　　然而老羅斯福與「籠中鳥」都錯了，阿什伯里才是對的。不能確定是強者而非弱者的行動：是在他詩裡別處所說，「某類的跨騎牆頭／提升到美感的理想境界。」*
　　數學亦復如此。人們通常認為數學是確定與絕對真理的國度。從某些角度來看這是對的。我們雲遊在必然為真的，像 $2 + 3 = 5$ 那些事中。

---

* 阿什伯里以下面的詩句開始〈即刻修補〉的第二也是最後一節：「這些總是道路上的危險／我們早知道就是危險別無他物。」阿什伯里在法國住過十年，深知英文的 hazard（危險）抓緊了法文 hasard（機會）的回音，恰如其分的安置在全詩那種嚴謹不確定性的氛圍裡。巴斯卡應該會把他跟費馬討論的賭博遊戲稱為 jeux de hazard（機會的遊戲），而該字的最早起源是阿拉伯語的「骰子」。

　　但數學也是我們能藉以推論不確定事物的工具，雖不能把不確定性完全馴化，至少可以收斂野性。始作俑者是巴斯卡，他開始幫助賭徒瞭解機會的作用，最後反倒想弄清楚，賭宇宙最不確定性的機會有多少。數學提供一條可以不確定的道路，不過是有原則的道路：我們不是雙手一舉、大呼一聲「哈」就拜拜了，而是做出堅定的斷言：「我不確定，這就是我為什麼不確定，這大體上就是我不確定的程度。」或者說：「我不確定，你也應不確定。」

擺盪在民調與民調之間的人

　　當代有原則的不確定性代表性人物，應屬席弗（Nate Silver），他做過線上撲克玩家，後來轉當棒球統計專家，再改行成政治分析家，他在《紐約時報》寫的 2012 美國總統大選專欄，引起大眾對於機率理論前所未有的關注。我想席弗是機率裡的柯本（Kurt Cobain）。兩人都致力於原本小眾的文化活動，從一小群自我關照的忠實學員起家。（席弗是在體育及政治的定量預測上，柯本則是龐克音樂。）兩人都證明了，如果執行他們的做法，只要使用可親近的風格，不把核心內容打折扣，就能做得超級流行。

　　是什麼因素使席弗那麼棒？主要的原因是他願意談論不確定性，願意不把不確定性當弱點的表現，而當做世界裡真實的東西，是能夠以科學的嚴謹性來研究，並發揮出良好效用的東西。倘若 2012 年 9 月你問一批政治評論員：「誰會在 11 月當選總統？」他們中一大批人會回答：「歐巴馬。」另外有較少的一批會說：「羅姆尼。」重點是所有人都錯了，因為正確的答案應該像席弗給的那樣。在廣泛的媒體裡，幾乎只有他一人願給這樣的答案：「兩人

都有贏的機會，但是歐巴馬實質上更可能勝利。」

傳統型政治人物看到這種回應，流露出的不屑，就跟我從研究肺結核的老闆那兒得到的一樣。他們要的是一個答案。他們不能理解，席弗已經給了他們一個答案。

喬丹（Josh Jordan）在《國家評論》雜誌寫道：「在辯論之前的9月30日，席弗說歐巴馬贏的機會是85%，而選舉人票數是320對218。今天，落差已經縮小，但是席弗仍然說歐巴馬贏的機會是67%，選舉人票是288對250。讓很多人懷疑他有沒有跟別人一樣，觀察到板塊已經向羅姆尼移動了。」

席弗有沒有觀察到板塊已經向羅姆尼移動？當然有。他在9月底說羅姆尼贏的機會是15%，在10月22日說是33%，這已經不只是加倍了。但是喬丹沒有觀察到，席弗已經在觀察，因為席弗仍然正確的估計出，歐巴馬的贏面比羅姆尼大。然而對於像喬丹這種傳統的政治新聞記者而言，那就是他還沒改變答案。

或者看拜爾斯（Dylan Byers）在《政客日報》（*Politico*）上寫的：「羅姆尼大有可能會贏。很難看出人們如何還會繼續把信心放在席弗的預測上，他從來沒有給羅姆尼高過41%贏的機會（那還是老早在6月2日時），而且在大選前一週才給他四分之一的機會，雖然各種民調都說，他跟現任總統無分軒輊……儘管席弗對自己的預測有極大的信心，但他經常給人一種閃躲的感覺。」

如果你有一絲愛惜數學之意，這類說法會讓你想拿起叉子刺往自己的手掌。席弗提供的不是閃躲，而是誠信。當氣象預報說有40%的機會下雨，而確實是下雨了，你會對預測喪失信心嗎？不會的，你知道天氣本質上就有不確定性，一口咬定明天會還是不會

下雨的預報，通常是錯誤的服務。*

　　當然，最終是歐巴馬贏得大選，而且有足夠大的差距，使得批評席弗的人看起來有些蠢。

問對問題很重要

　　諷刺的是，如果批評者想抓到席弗也有預測錯的時候，那麼他們錯失一個大好良機。他們可以問他：「你會預測錯多少州？」就我所知，從來沒有人問過席弗這個問題，不過很容易弄清楚他會怎樣回答。在 10 月 26 日，席弗估計歐巴馬有 69% 的機會贏得新罕布夏州。如果你在那個時空迫使他做出預測，他會說歐巴馬獲勝。所以你可以說，席弗預測新罕布夏州的機會是 0.31。用另一種說法來說，他針對新罕布夏州的問題，給出錯誤答案的期望值是 0.31。

　　記好了，期望值並不是你所期望的數字，而是各個結果的機率性妥協。在目前的例子裡，針對新罕布夏州他或者給出零個錯誤答案（此結果發生的機率是 0.69），或一個錯誤答案（此結果發生的機率是 0.31），使用我們在第 11 章建立的方法，由此可計算期望值如下

$$(0.69) \times 0 + (0.31) \times 1 = 0.31$$

　　席弗對北卡羅萊那州比較確定，只給歐巴馬 19% 的機會獲

---

* 其實對席弗方法的疑慮，程度可以更高，不過華盛頓的新聞界並沒受影響。例如，可以遵循費雪的思路，指出機率的語言並不適宜僅發生一次的事件，機率應該應用到像丟錢幣這類，原則上能夠一再重複的事件。

勝。然而那就意味著他如果說羅姆尼獲勝，羅姆尼就有 19% 的機會最後會出錯，他給自己 0.19 個錯誤答案的期望值。下面表列裡的各州，是在 10 月 26 日席弗認為有看頭的州：

州名	歐巴馬獲勝機會	錯誤答案期望值
俄勒岡	99%	0.01
新墨西哥	97%	0.03
明尼蘇達	97%	0.03
密西根	98%	0.02
賓州	94%	0.06
威斯康辛	86%	0.14
內華達	78%	0.22
俄亥俄	75%	0.25
新罕布什爾	69%	0.31
愛荷華	68%	0.32
科羅拉多	57%	0.43
維吉尼亞	54%	0.46
佛羅里達	35%	0.35
北卡羅來納	19%	0.19
密蘇里	2%	0.02
亞利桑納	3%	0.03
蒙大拿	2%	0.02

因為期望值可以相加，在席弗挑出來的那些州裡，他猜錯的數目應該是各州錯誤答案期望值的總和，恰等於 2.83。換句話說，如果有人問他的話，他恐怕會說：「平均來看，我很可能有三個州的錯誤。」

事實上，五十個州他都預測對了。*

　　就算是身經百戰的政治評論員，也很難攻擊席弗，嫌他的預測還不夠精準。這番刺激人心曲折的歷程是好事，要跟著走！當你的推理像席弗那樣是正確時，你會發現你總認為自己是對的，但其實你又不總是認為自己是對的。正如哲學家奎英（W. O. V. Quine）指出的：「相信某事就是相信某事為真；因此合乎理性的人相信他自己每一個信念均為真，然而經驗告訴他，可以預期某些信念結果為偽，只是他還不知道哪個信念最後不為真。簡單的說，合乎理性的人相信，自己每個信念均為真，並且其中有些會為偽。」

　　從形式上看來，這很像我們在第 17 章裡揭露的，美國民意表面上的矛盾。美國人認為政府每項計畫都值得繼續投注經費，但意思不是說他們認為所有政府計畫都值得繼續。

　　席弗繞過了僵化的尋常政治新聞報導，直接告訴公眾一個更加真實的故事。他不說誰會勝利，誰掌握了「聲勢」，他只報導他評估的獲勝機率。他不說歐巴馬會贏得多少選舉人票，他公開機率分布：譬如說，歐巴馬有 67% 的機會得到 270 張選舉人票，再次當選，有 44% 的機會打破 300，有 21% 的機會達到 330 等等。席弗給公眾的是不確定，不過是嚴謹的不確定，所以公眾嚥下去了。我本來都不敢想有此可能。

　　這種不確定才是行動！

---

* 更精確的講，他是在最後一次預測時，全部州都猜對。在 10 月 26 日他唯一還沒猜對的是佛羅里達州，在競選的最後兩週，佛州的民調從略偏向羅姆尼擺盪到差不多平手。

反對過分精準

有一種對席弗的批評，我比較心有戚戚焉，就是「到今天為止，歐巴馬有 73.1% 的機會獲勝」這種講法會引起誤導。小數點好像表示出量度的精準度，但是有可能是假象。假如他的模型今天給出 73.1%，明天給出 73.0%，你就不能說有實際意義的事已經發生。這是對於席弗如何呈現結果的批評，而不是對他整個計畫的批評。他的呈現法給人沉重的負擔，使得有些政治評論者認為讀者感受到霸凌，以致於採納令人瞪大眼睛看上去極為精準的數字。

過分精準是問題。我們把 SAT 考試成績標準化的模型能算到小數點後好多位，但我們不這樣做。現在學生已經夠緊張了，難道還要讓他們擔憂同學有沒有領先自己百分之一分？

對於完美精準的迷戀也會影響到選舉，不僅是在熱烈觀察民調期間，也在已經投票之後。還記得佛羅里達州在 2000 年大選裡，小布希與高爾的差距只有幾百票，而那是全體票數的萬分之一。根據我們的法律與習慣，到底哪一位候選人比另一位多得幾百票，有關鍵性的重要。然而思考佛州人到底要誰來當總統，這個差別就有點荒唐。因為選票汙染、選票遺失、記票錯誤等等所造成的不精準，遠比最終記票時的差別更大。我們其實不知道誰在佛羅里達得到較多的票。法官與數學家的差異在於，法官要找出辦法讓我們能假裝知道，數學家可以自由自在講出真理。

記者賽弗（Charles Seife）在他的書《證明在作怪》（*Proofiness*）裡有一段記事，關於民主黨的弗蘭肯（Al Franken）與共和黨科爾曼（Norm Coleman）競爭誰來代表明尼蘇達州進入美國參議院，那

場選舉同樣票數極接近，故事寫得有些有趣又有些淡淡的洩氣味。如果能說最後弗蘭肯獲勝是因為經過冷靜的分析程序，恰好他多得到 312 位明尼蘇達人支持他進入參議院，那就最棒了。但是真實的情況並非如此，那個數字反映的其實是延長法律拉鋸的結果，爭論的問題包括像是：一張票既勾選弗蘭肯又填入「蜥蜴人」，算不算合法投的票。一旦你弄到要爭論這類問題，到底誰「真正」得到較多選票，已經沒有意義。訊號已經遭雜音淹沒。

我傾向跟賽弗站在一邊，他論證在票數如此接近的選舉裡，應該用丟錢幣來決定。* 有些人對於靠機會來選擇領袖也許頗反感，但丟錢幣的最大好處就在於讓機會主導！票數接近的選舉已經就是由機會決定了。城市裡的壞天氣、偏遠鄉鎮弄壞的投票機、選票的設計方式，這些竟讓年長猶太人把票投給了布坎南，當選舉僵持在五五波時，任何這類機會事件都能造成差異。在均衡分裂的競選裡，乾脆選擇丟錢幣，就不必假裝人們對誰獲勝已經發聲了。有時候人民是說話了，但是他們是說：「我不知道。」

你也許會以為我真的要談論小數點後面的事。有一個陳腔濫調說，數學家總是追求確定，另外一個跟它形影不離的陳腔濫調是說，我們總是追求精準，拚命能算多少小數點位置就算多少。兩者都不對。我們只要求算到必要的小數點位置就好。在中國有一位年輕人呂超，他能正確背誦圓周率 π 到小數點後 67,890 位，那真是了不起的記憶力。但那會有趣嗎？不會的，因為 π 的各位小數

---

* 當然，如果你要把這種程序設立得正確，必須修飾丟錢幣的方法，使得看來有些領先的候選人，獲勝的機會略微升高等等。

並沒啥趣味。就任何人所知，那就跟一串隨機亂數一樣。不過 π 本身肯定是有趣的。π 並不就是它的各個展開數字，它只是由那些數字寫出來罷了。這就好像艾菲爾鐵塔可以標示在北緯 48.8586 度、東經 2.2942 度一樣，你就是再多加你想要的位數，也不能告訴你，艾菲爾鐵塔何以是艾菲爾鐵塔。

精準也不只是關於小數位數而已。富蘭克林曾經尖銳的描述他的費城老鄉高弗雷（Thomas Godfrey）：「他不懂得體恤別人，也不好相處。就像很多我認識的傑出數學家一樣，他期望每句說出來的話，都要達到普遍精準的程度，他經常在瑣碎的論點上否定別人，或做不必要的區分，使得跟他的所有對話都難以平順。」

這種說法令人感覺刺痛，因為它有些不公平。數學家對於邏輯的精妙之處是有點吹毛求疵，我們是那種聽完下面冷笑話，會覺得有趣的人：

問：「點湯或沙拉嗎？」

答：「是的。」

這個不能算

除非故做諷刺，數學家也不會把自己裝成純粹邏輯的動物。那樣做會有危險！例如：如果你是純粹的演繹法思考者，那麼一旦你相信兩個相互矛盾的事實，你就會在邏輯上必須相信每個語句都為偽。來看看那會變成什麼樣子。假設我相信巴黎是法國首都，同時也相信巴黎不是法國首都。這件事看起來跟波特蘭拓荒者球隊有沒有獲得 1982 年職業籃球賽冠軍毫無關係。但是現在你來看看這個把戲。巴黎是法國首都並且拓荒者贏得 NBA 冠軍，對不對？不

對，因為我知道巴黎不是法國首都。

假如巴黎為法國首都，並且拓荒者贏得 NBA 冠軍不對，則巴黎不是法國首都或者拓荒者沒贏得 NBA 冠軍。但是我知道巴黎是法國首都，就把第一個可能性排除，所以拓荒者沒贏得 NBA 冠軍。

不難驗證完全一樣的論證法，但是首尾顛倒，就能夠證明每個語句均為真。

聽起來很古怪，不過做為邏輯推演是無懈可擊的。在形式系統裡的任何地方丟進一個小小的矛盾，整體都會完蛋。關注數學的哲學家把這種形式邏輯的易碎性，講成 *ex falso quodlibet*，但在朋友之間會說是「爆炸原則」。（還記得我曾說過，做數學的多麼愛用暴力術語嗎？）

ex falso quodlibet 是《星艦迷航記》裡寇克船長用來毀掉獨裁人工智慧電腦的手段，餵給它們一個悖論，它們的推理模組就會耗損而停止。「這個不能算」（恰好在電力指示燈熄滅前，它們會哀傷的如此抱怨。）羅素對弗雷格的集合論做的事，正是寇克對自命不凡機器人做的事。他的一個鬼祟悖論，就把整座大廈搞垮了。

但是寇克的把戲對人類不管用。我們不是這樣推理的，即使靠數學吃飯的也不如此推理。我們能夠容忍矛盾到一定的程度。正如費茲傑羅所說：「第一等智力的檢驗，就是看能不能同時在心裡容納兩種相互衝突的觀念，但還有能力維持正常機能。」

數學家把這種能力當成思想的基本工具。

使用歸謬法時，這種能力是不可或缺的，你需要在心中持有一個你相信是錯的命題，但是在推理過程好似你相信它是對的：假設 2 的平方根是有理數，雖然我正想證明它不是……這是非常有系統

的做一場清醒的夢。我們有能力做而不致把自己搞短路。

夜晚否定白天

事實上，有一項大家常常口頭相傳的忠告，當你拚命想做出定理時，最好白天嘗試證明，晚上嘗試找反例。我是從我的博士指導教授處聽來的，很可能他也是從他老師那兒聽來，依此類推。（到底多久變換一次立場不是關鍵。據說拓樸學家賓（R. H. Bing）的習慣是把每個月分成兩半，頭兩週嘗試證明龐卡萊猜想，後兩週嘗試找反例。*）

為什麼要用如此不相容的方式工作？有兩個好理由。第一是你有可能錯誤；如果你認為會對的命題結果錯了，你花在證明上的氣力都注定會白費。晚上嘗試去否證，是防備遭遇如此龐大浪費的避險行為。

但是還有更深刻的原因。如果你想去否證一個為真的命題，你必定會失敗。我們都被訓練成以為失敗不好，其實失敗並非全都不好。你能從失敗中學習。你嘗試用一種辦法否證一個命題，但你撞上一堵牆。你試著用另外一種方法，又撞上另外一堵牆。每晚你嘗試，每晚失敗，每晚都有一堵新牆。如果運氣夠好，那些牆會慢慢聚合出一種結構，那種結構就是定理證明的結構。如果你真正理解，是什麼阻擋你無法否證定理，你相當有可能就理解了定理為何為真，那是你剛開始全無可能企及的。

---

* 他到底也沒弄成其一。龐卡萊猜想最終在 2003 年由佩雷爾曼（Grigori Perelman）
　證明為真。

　　玻亞伊當初經歷的狀況正是如此，他不理父親給他的良心勸告，走上許多前人走過的路，想證明平行公設可從歐幾里得的其他公設導出。也像所有其他人一樣，他失敗了。不過與其他人不一樣的地方是，他能理解失敗的狀況。阻擋住他企圖證明不存在缺少平行公設幾何的原因，正是存有如此的幾何！每一次的失敗，都讓他學習到更多他原以為不存在的東西的特性，愈來愈親密的認識它，直到有那麼一刻，他終於體認到它真的就存在那兒。

　　不是只有在做數學時才是白天證明、晚上否證。我發覺對於你所有的信念，不管是社會的、政治的、科學的、哲學的，都施加壓力是一種好習慣。在白天相信你所願意相信的，但是到了夜晚，跟你最珍愛的命題打對台。不可以作弊！用盡你的氣力去想，就好像你相信你本不相信的事。如果你沒辦法說服自己放棄現有的信念，你就會知道更多為什麼你會相信所相信的事。你就已經更接近證明了。

　　順便一提，這種良性的心靈操練，並不是費茲傑羅說的那種測驗。他讚許保有矛盾的信念採自他 1936 年的文章〈崩裂〉（The Crack-up），其中描寫了他自己的無法修補的破碎。他心裡對立的觀念是：「努力是無望的，以及掙扎是必要的。」後來貝克特（Samuel Beckett）講得更簡練：「我不能走下去，我要走下去。」費茲傑羅對於「第一等智力」的刻畫，意思是要否決自己可以擁有那個頭銜。他自認矛盾的壓力已經讓他實質停止存在了，就好像弗雷格的集合論或遭寇克悖論整到當掉的電腦。（「籠中鳥」在〈騎在牆頭〉歌中別的地方，差不多給〈崩裂〉做了總結：「我從一開頭就騙自己／我才剛剛搞清楚我要崩解了。」被自我懷疑洩掉氣、拆了台，耽溺

於書本與內省之中，結果他真的變成讓老羅斯福想吐的那種悲傷年輕的文藝人。

華萊士也對悖論感興趣。在他的第一本小說《系統的掃帚》（*The Broom of the System*）裡，以獨特的數學風格，把一個溫和版的羅素悖論安置在中心。他與矛盾的鬥爭是敦促他寫作的動力，這樣說應該不算過分。他愛好技術性、可分析的東西，但是他又從簡單宗教勸世文與勵志短篇中，看到抵抗藥物、絕望，與要命的唯我主義的更佳武器。他知道作者的職責應該是鑽進別人的腦中，然而他主要的題材卻是他困死在自己腦中的窘境。他決心要記錄並中和他自己的執著與偏見的影響，但知道這種決心本身就是執著，且受制於那些偏見。

可以確定這是哲學入門課的材料，但是任何數學系的學生都知道，你在大一碰到的老問題是一些你從未見過、有深度的問題。華萊士跟這些矛盾角力，做法就如數學家。你相信兩件看似對立的事，於是你動手解決，一步步清除雜木，從所信之事裡分離出所知之事，在心中舉起相對立的兩造假設，以找碴的目光檢視每一造，直到真理或最接近真理的東西清晰浮現。

至於貝克特，他對矛盾有更充實與更體諒的觀點，這在他的作品裡隨處可見，在他的等身著作中，這裡、那裡到處都妝點了每一種可能的情緒色彩。「我不能走下去，我要走下去。」是黯淡的，但是貝克特也會轉化畢達格拉斯對於 2 的平方根的無理性證明，成為兩個醉鬼間的笑話：

尼瑞：「背叛我，你就會走上希帕蘇斯的路。」

懷利：「我想他一定是選錯邊了，不過我忘了他是挨了什麼罰。」

尼瑞：「淹死在一攤渾水裡，因為洩漏了勾股與弦的不可公度性。」

懷利：「願所有大嘴巴都去死吧！」

貝克特還知道多少高等數學，這並不清楚，不過在他晚年的散文〈往糟處前進，吼〉（Worstward Ho）裡，他總結數學創作裡失敗的價值，遠比任何教授都更為簡練：

什麼時候才用得到數學

我們在本書裡遇見的數學家，並不只是拆穿不恰當精準性的人，或只是算數的批評者。他們有所發現，也有所建樹。高爾頓發現趨向平均數的迴歸的概念；康道塞替社會決策的制定開創了新的典範；玻亞伊發明了一種完全新奇的幾何學，是一個怪異新宇宙；夏濃與漢明做出自己的幾何，在那種空間裡住的是數位訊號而非圓與三角；沃德幫忙把裝甲放到飛機上正確的地方。

每位數學家都會創造出新東西，有些人創造的東西大，有些人創造的東西小。數學的寫作都是創意寫作。我們能用數學創造出來的東西，沒有任何物理上的極限；它們可以是有限的或者無窮的，它們在可見的宇宙裡也許能夠實現也許不能夠。

這種狀況有時候讓局外人以為，數學家是航行在迷幻似的危險心靈火焰國度，直直盯著那些會使勇氣不足的人發瘋的景象，偶爾

還真的把自己也逼瘋了。

從我們已經看過的事實，上面的說法並不真確。數學家不是瘋子，我們不是外星人，我們也不是神祕客。

真實的狀況是，數學理解的感受是特殊經驗，你會突然之間明瞭到底在做什麼，而且是全然的確定，一路通到事理的最底層。這種經驗在生活中，幾乎沒有別的地方可以領受。你會感覺好像達到了宇宙內部，伸手抓住了操控索。這種感受很難向無此經驗的人描述。

我們造出一些狂野的物件，卻不能想說它們是什麼就是什麼。它們需要定義，而且一旦定義好了，就跟樹與魚一樣並非虛幻，它們就是它們自己。做數學就是同時既有熱火的觸感又有理性的約束。這並不會發生矛盾，邏輯形成一條狹長的渠道，在其中直觀以洶湧的威力向前奔騰。

我們學到數學的教誨很簡單，而且不需用到數字：就是世界裡有結構，我們有希望瞭解其中一部分，勿須瞠目結舌僅接受感官訊息；我們能夠加強直覺，只需再用形式的骨架撐起來。數學確定性是一回事，我們在日常生活裡，難以擺脫的溫和陳見是另一回事，我們應該盡量保持兩者的分際。

你觀察到，好東西多了並不見得總是更好；你記起，只要給予足夠機會，不太可能發生的事也會多發生，從而抵擋住巴爾的摩股票經紀人的誘惑；你做決策時，不要只關注到最可能的未來，應該看到所有可能未來興起的雲霧，注意到哪些比較可能、哪些比較不可能；對於群體信念與個體信念的規則應該相同的想法，你不再堅持；或者，你就是找到了認知的甜蜜點，在此可以放任直覺狂奔在

形式推理造就的軌道網；這些事發生時，即使沒有寫下一條方程、沒有畫出一幅圖像，但你就是在做數學，你正以額外手段擴充常識。你什麼時候才用得到數學？你自從生下來就在用數學，大概也會不停的用數學。你要好好的用數學。

致謝

　　從我開始動念想寫這套書開始，已經過了八個年頭。現在，《數學教你不犯錯》不再只是一個想法，而是在你手中的書本，感謝我的經紀人 Jay Mandel 的明智導引，他很有耐心的每年都問我，有沒有準備好試著寫點東西，當我終於說：「好！」之後，又幫我琢磨想法，從「我要向人們喊話，好好告訴他們數學多了不起」，轉化到比較像一本真實的書。

　　我的書有幸讓企鵝出版公司發行，他們協助學院裡的人向更廣泛的聽眾講話，同時還能讓作者好好談主題，這樣做已有悠久的歷史。我從主編 Colin Dickerman 的見識裡獲益無窮，他買了這套書的版權並且看著它走到近乎完成的階段，然後由 Scott Moyers 接棒，衝刺抵達終點。他們二位對新手作家非常體恤，讓整個計畫逐漸轉化成與我原來提出的方案大不相同。我也從企鵝出版的 Mally Anderson、Akif Saifi、Sarah Hutson、Liz Calamari 以及英國企鵝的 Laura Stickney 等人那裡，獲得很好的建議與協助。

我要感謝《石板》（*Slate*）雜誌的編輯，特別是 Josh Levin、Jack Shafer、David Plotz，他們在 2001 年決定，《石板》雜誌需要一個數學專欄。之後就一直刊載我寫的東西，幫助我學習，如何談數學才能讓不學數學的人聽懂。《數學教你不犯錯》書中某些內容採自我在《石板》裡的專欄，且經過了他們的編輯改善。我同時非常感謝其他刊登我文章的編輯，他們分別來自《紐約時報》、《華盛頓郵報》、《波士頓環球報》，以及《華爾街日報》。（本套書也包含摘自我在《郵報》與《環球報》發表過文章的零星片段。）

我特別要感謝《*Believer*》雜誌的 Heidi Julavits 與《*Wired*》雜誌的 Nicholas Thompson，他們最早向我邀長稿，並教會我如何讓數學敘事能一口氣綿延上千字。

Elise Craig 針對本書某些部分，非常仔細去核對事實，如果你還找到錯誤，那一定是在別的部分。Greg Villepique 負起責任編輯工作，剔除許多文字與事實上的錯誤，而且他會不厭其煩改掉非必要的連字號。

梅澤（Barry Mazur）是我的博士論文指導教授，我所知的數論，大部分都是他教會的。對於數學與其他思維、表達、感覺模式的深度聯繫諸方面，他給了我非常好的榜樣。

本書上下兩冊一開始引用的羅素的話，是間接採自華萊士的一本筆記，這本筆記是為《*Everything and More*》這本關於集合論的書做的準備。他在筆記裡注明，有可能使用羅素的話當題詞，但最後並沒有用到。

我從威斯康辛大學麥迪遜校區獲得休假機會時，大致完成《數學教你不犯錯》的寫作。我要感謝威斯康辛校友研究基金的支助，

讓我能把休假期延長到一整年。也謝謝 Romnes 教師獎金的補助，以及我在麥迪遜的同事支持，讓我能做一件有點特色，但又不太學術的計畫。

我還要謝謝在威斯康辛州麥迪遜的蒙羅街上的 Barriques 咖啡店，我在那兒完成《數學教你不犯錯》的大部分。

許多朋友與同事細讀過本書，他們以及回覆我電子郵件的未識之士，都給了我不少獲益良多的建議。他們包括：

Laura Balzano, Meredith Broussard, Tim Carmody, Tim Chow, Jenny Davidson, Jon Eckhardt, Steve Fienberg, Peli Grietzer, the Hieeratic Conglomerate, Gil Kalai, Emmanuel Kowalski, David Krakauer, Lauren Kroiz, Tanya Latty, Marc Mangel, Arika Okrent, John Quiggin, Ben Recht, Michel Regenwetter, Ian Roulstone, Nissim Schlam-Salman, Gerald Selbee, Cosma Shalizi, Michelle Shih, Barry Simon, Brad Snyder, Elliott Sober, Miranda Spieler, Jason Steinberg, Hal Stern, Stephanie Tai, Bob Temple, Ravi Vakil, Robert Wardrop, Eric Wepsic, Leland Wiliinson, Janet Wittes。

難免會遺漏幾位，我須向他們致歉。我想挑出幾位讀者致謝，他們給了我非常重要的回饋意見：Tom Scocca 以仔細與嚴謹的態度讀過全書；Andrew Gelman 與 Stephen Stigler 使我忠於統計學的歷史；Stephen Burt 使我忠於詩；Henry Cohn 很仔細念完本書的一大部分，並且提供引用有關邱吉爾與射影幾何的話；Linda Barry 告訴我，自己畫插圖是可以的；還有我的雙親，他們都是應用統計學家，他們什麼都看，並且告訴我哪裡有些太抽象了。

為了寫這本書，我在好多個週末都不得不工作，我要感謝兒女的包容，特別是我兒子還畫了一張插圖。最最要感謝的人是譚雅

（Tanya Schlam），所有你看到寫在這裡的東西，她都是第一位也是
最後一位讀者。正是因為她的支持與愛，才使這項計畫得以成形。
她幫助我瞭解如何做才正確，甚至比數學教我的還多。

書末注釋

第 11 章：你期望贏得樂透時，是在期望什麼

8: 十七世紀的熱那亞：有關熱那亞樂透的訊息均採自 David R. Bellhouse, "The Genoese Lottery," *Statistical Science* 6, no. 2（May 1991）: 141-48.

9: 籌款興建兩幢大樓：Stoughton Hall 與 Holworthy Hall。

9:「把獲利機會估得過高」: Adam Smith, *The Wealth of Nations*（New York: Wiley, 2010）, bk. 1, ch. 10, p. 102.

13: 國會在 1692 年提案通過「百萬英鎊法案」：哈雷以及年金定價錯誤的故事採自 Ian Hacking, *The Emergence of Probability*（New York: Cambridge University Press, 1975）第 13 章。

13: 應該較高：請參閱 Edwin W. Kopf, "The Early History of the Annuity," *Proceedings of the Casualty Actuarial Society* 13（1926）: 225-66.

15: 能賣出一億組號碼：由威力球公關部門告知。

17: 在 2012 年，就有三次："Jackpot History," www.lottostrategies.com/script/jackpot_history/draw_date/101（accessed Jan. 14, 2014）.

21: 挑別人不想挑的號碼：Donald B. Hausch and William Thomas Ziemba, eds., *Handbook of Sports and Lottery Markets*（Amsterdam: Elsevier, 2008）書中第 23 章 John Haigh, "The Statistics of Lotteries" 調查了樂特玩家喜歡以及不喜歡哪些號碼組合。

25: 詳盡且坦率的記錄了：2012 年 1 月 27 日麻州檢察長蘇利文致麻州財務長的函件。除非另有說明，大量售出「大贏錢」的資料，來源即為蘇利文的函件，可由以下連結下載 www.mass.gov/ig/publications/reports-and-recommendations/2012/lottery-cash-winfall-letter-july-2012.pdf（accessed Jan. 14, 2014）.

26: 他們把集團命名為「藍登戰略」：我無法驗證最早是什麼時候開始使用「藍登戰略」這個名字；很可能他們在 2005 年剛開始行動時，還沒有使用這個名字。

27: 搞出了額外利潤：2013 年 2 月 11 日電話訪問賽爾比得知。

31: 勃艮第的地方貴族：有關布方早年生活資料採自 Jacques Roger, *Buffon: A Life in Natural History, trans. Sarah Lucille Bonnefoi*（Ithaca, NY: Cornell University Press, 1997）的第一章與第二章。

33:「假如不是往空中投擲」：由 John D. Hey, Tibor M. Neugebauer, and Carmen M. Pasca **翻譯**布方的 "Essay on Moral Arithmetic"，收錄於 Axel Ockenfels and Abdolkarim Sadrieh, *The Selten School of Behavioral Economics*（Berlin/Heidelberg: Springer-Verlag, 2010）, 54.

41: 過程裡好像什麼事都沒發生：Pierre Deligne, "Quelques idées maîtresses de l'œuvre de A. Grothendieck," in *Matériaux pour l'histoire des mathématiques au XXe siècle: Actes du colloque à la mémoire de Jean Dieudonné, Nice,* 1996（Paris: Société Mathématique de France, 1998）. 原文是 "rien ne semble de passer et pourtant à la fin de l'exposé un théorème clairement non trivial est là." 由 Colin McCarty **翻譯**，採自他的文章 "The Rising Sea: Grothendieck on Simplicity and Generality," part I, from *Episodes in the History of Modern Algebra*（*1800-1950*）（Providence: American Mathematical Society, 2007）, 301-22.

41:「想知道的那些未知」：採自 Grothendeick 的回憶錄 *Recoltes et Semailles*，譯自 McCarty, "Rising Sea," 302.

43: 賽爾比告訴我：2013 年 2 月 13 日電話訪問賽爾比，所有關於賽爾比的資訊都來自此次訪問。

46:《波士頓環球報》記者埃斯特斯的一位朋友：2013 年 2 月 5 日來自 Andrea Estes 的電子郵件。

46:《環球報》的頭版刊登：Andrea Estes and Scott Allen, "A Game with a Windfall for a Knowing Few," *Boston Globe,* July 31, 2011.

47: 十八世紀早期：伏爾泰與樂透的故事採自 Haydn Mason, *Voltaire*（Baltimore: Johns Hopkins University Press, 1981）, 22-23，以 及 Brendan Mackie 的 文 章 "The Enlightenment Guide to Winning the Lottery," www.damninteresting.com/the-enlightenment-guide-to-winning-the-lottery（accessed Jan. 14, 2014）.

50:「只要樂透當局向公眾宣布」：蘇利文致 Steven Grossman 函件。

51:「那是給熟練的人玩的私有樂透」：Estes and Allen, "Game with a Windfall."

第 12 章：錯過更多班飛機

53:「如果你從沒錯過航班」：人人都說他說過此話，但是我找不到有見諸文字的證據。

57:「社會安全局督察長在週一宣布」："Social Security Kept Paying Benefits to 1,546 Deceased," *Washington Wire*（blog）, *Wall Street Journal,* June 24, 2013.

57: 包卓特的觀察：Nicholas Beaudrot, "The Social Security Administration Is Incredibly Well Run," www.donkeylicious.com/2013/06/the-social-security-administration-is.html.

58:「跟你暢談幾何學」：1660 年 8 月 10 日巴斯卡致費馬函件。

63: 並且寫了一個長篇：採自伏爾泰 "Philosophical Letters" 中第 25 件，其中有關《思想錄》的感想。

69: 廣為流傳的部落格文章：N. Gregory Mankiw, "My personal work incentives," Oct. 26, 2008,gregmankiw.blogspot.com/2008/10/blog-post.html. 曼昆於他的專欄文章裡再次討論此主題 "I Can Afford Higher Taxes, but They'll Make Me Work Less," *New York Times*, BU3, Oct. 10, 2010.

69: 雷伯維茲曾經講過：在 2010 電影 *Public Speaking* 裡。

70:「我苦思冥想這個問題」：兩段引言均採自布方 "Essays on Moral Arithmetic," 1777.

73: 他從哈佛大學以第三名畢業之後：有關艾司伯格生平採自 Tom Wells, *Wild Man: The Life and Times of Daniel Ellsberg*（New York: St. Martin's, 2001）； 以 及 Daniel Ellsberg, *Secrets: A Memoir of Vietnam and the Pentagon Papers*（New York: Penguin, 2003）.

73:「他是值得研究的藝術家」：Daniel Ellsberg, "The Theory and Practice of Blackmail," RAND Corporation, July 1965, 當時未出版，可於下面的網站上下載 www.rand.org/content/dam/rand/ pubs/papers/2005/P3SS3.pdf（accessed Jan. 14, 2014）.

73: 現在都稱為艾司伯格的悖論：Daniel Ellsberg, "Risk, Ambiguity, and the Savage Axioms," *Quarterly Journal of Economics* 75, no. 4（1961）: 643-69.

第 13 章：火車鐵軌相交之處

80:「長期資本管理公司」就用過這招：該公司本身並沒有活太久，但是裡面的主角都發了財離開公司，之後也還在財務圈裡打轉。

89: 眼睛必定會生出光線：Otto-Joachim Gruesser and Michael Hagner, "On the History of Deformation Phosphenes and the Idea of Internal Light Generated in the Eye for the Purpose of Vision," *Documenta Ophthalmologica* 74, no. 1-2（1990）: 57-85.

93: 「就我所知是有結局的」：David Foster Wallace, interviewed at *Word* e-zine, May 17, 1996, www.badgerinternet.com/~bobkat/jestlla.html（accessed Jan. 14, 2014）.

95: 「A base del nostro studio」：Gino Fano, "Sui postulati fondamentali della geometria proiettiva," *Giornale di matematiche* 30.S 106（1892）.

95: 「做為我們研究的基礎」：英文翻譯採自 C. H. Kimberling, "The Origins of Modern Axiomatics: Pasch to Peano," *American Mathematical Monthly* 79, no. 2（Feb. 1972）: 133-36.

95: 如果你由電腦科學家喜愛的布爾代數系統：非常濃縮的解釋：記得射影平面可以想做是三維空間裡，所有通過原點直線的集合，射影平面裡的線就是通過原點的平面。通過三維空間原點的平面，滿足方程 ax + by + cz = 0。所以通過三維空間原點而以布爾代數為係數的平面也是由方程 ax + by + cz = 0 來決定，只不過現在 a, b, c 必須是 0 或 1。所以共有 8 種這類的方程。但是令 a＝b＝c＝0 時方程變為 (0 = 0)，使得所有 x, y, z 都滿足此方程，因而不能決定一平面。所以在布爾的三維空間裡，一共只有七個平面通過原點，意思是說在布爾射影平面裡，恰如其分，剛好有七條線。

101: 年輕的漢明曾經參加過曼哈頓計畫：關於漢明的資料大多來自下書第二章 Thomas M. Thompson, *From Error-Correcting Codes Through Sphere Packing to Simple Groups*（Washington, DC: Mathematical Association of America, 1984）.

106: 「專利部門說，在確實取得專利之前不准我發表」：同上，第 27 頁。

106: 格雷首先發表了論文：同上，第 5, 6 頁。

106: 至於專利方面：同上，第 29 頁。

108: 人造語言羅歐語：有關羅歐語的資料都來自網頁 "Dictionary of Ro"（www.sorabji.com/r/ro）。

110: 可以回溯到天文學家刻卜勒：有關球裝填問題的歷史採自 George Szpiro 的書 *The Kepler Conjecture*（New York: Wiley, 2003）.

112: 科恩與庫馬證明：Henry Cohn and Abhinav Kumar, "Optimality and Uniqueness of the Leech Lattice Among Lattices," *Annals of Mathematics* 170（2009）: 1003-50.

112: 於一卷長紙捲上：Thompson, *From Error-Correcting Codes,* 121.

116: 丹尼斯頓發現的碼：Ralph H. F. Denniston, "Some New 5-designs," *Bulletin of the*

London Mathematical Society 8, no. 3（1976）：263-67.

123:「一生是不會無聊的」：Pascal, *Pensees,* no. 139.

124: 即使存活下來的生意：一般企業者的描述採自 Scott A. Shane 書第六章 *The Illusions of Entrepreneurship: The Costly Myths That Entrepreneurs, Investors, and Policy Makers Live By*（New Haven, CT: Yale University Press, 2010）.

第 14 章：平庸會出頭

126: 寫的統計學教科書：Horace Secrist, *An Introduction to Statistical Methods: A Textbook for Students, a Manual for Statisticians and Business Executives*（New York: Macmillan, 1917）.

127:「平庸到了最後會勝出」：Horace Secrist, *The Triumph of Mediocrity in Business*（Chicago: Bureau of Business Research, Northwestern University, 1933）, 7.

128:「這種結果使商人與經濟學家」：Robert Riegel, *Annals of the American Academy of Political and Social Science* 170, no. 1（Nov. 1933）: 179.

128:「完全自由的進入產業」：Secrist, *Triumph of Mediocrity in Business, 24.*

129:「各種年齡的學生」：同上，第 25 頁。

129:「我能夠做任何的加法」：Karl Pearson, *The Life, Letters and Labours of Francis Galton*（Cambridge, UK: Cambridge University Press, 1930）, 66.

130:「狼吞虎嚥了它的內容」：Francis Galton, *Memories of My Life*（London: Methuen, 1908）, 288。高爾頓的回憶錄與皮爾生的傳記，都完整重製於在 galton.org 的 Galtoniana。

131: 一位書評者抱怨：引自 Emel Aileen Gökyigit, "The Reception of Francis Galton's *Hereditary Genius," Journal of the History of Biology* 27, no. 2（Summer 1994）.

132:「我曾經努力想學數學」：採自 Charles Darwin, "Autobiography"，收錄於 Francis Darwin, ed., *The Life and Letters of Charles Darwin*（New York and London: Appleton, 1911）, 40.

136:「坎普有一個亮眼的開始」：Eric Karabell, "Don't Fall for Another Hot April for Ethier," Eric Karabell Blog, Fantasy Baseball, http://insider.espn.go.com/blog/eric-karabell/post/_/id/275/andre- ethier-los-angeles-dodgers-great-start-perfect-sell-high-candidate-fantasy-baseball（accessed Jan. 14, 2014）.

138: 美國大聯盟在上半季中，全壘打數領先的球員：球季中全壘打總數資料引自 "All-Time Leaders at the All-Star Break," CNN Sports Illustrated, http://sportsillustrated. cnn.com/baseball/mlb/2001/ allstar/news/2001/07/04/leaders_break_hr.

140: 有名的澆冷水書評：Harold Hotelling, "Review of *The Triumph of Mediocrity in Business by Horace Secrist*," *Journal of the American Statistical Association* 28, no. 184（Dec. 1933）：463-65.

140: 霍特林是明尼蘇達人：有關霍特林生平的資料採自 Walter L. Smith, "Harold Hotelling, 1895-1973," *Annals of Statistics* 6, no. 6（Nov 1978）.

140: 緊接著就是當頭棒喝：我講希克瑞斯特與霍特林這段故事，參考不少 Stephen M. Stigler, "The History of Statistics in 1933," *Statistical Science* 11, no. 3（1996）：244-52.

142:「生物學家，很少」：Walter F. R. Weldon, "Inheritance in Animals and Plants" in *Lectures on the Method of Science*（Oxford: Clarendon Press, 1906）。我從 Stephen Stigler 的書中讀到威爾頓文章。

142: 1976 年《英國醫學期刊》：A. 1. M. Broadribb and Daphne M. Humphreys, "Diverticular Disease: Three Studies: Part II: Treatment with Bran," *British Medical Journal* 1, no. 6007（Feb. 1976）：425-28.

144: 此計畫接受隨機檢定時：Anthony Petrosino, Carolyn Turpin-Petrosino, and James O. Finckenauer, "Well-Meaning Programs Can Have Harmful Effects! Lessons from Experiments of Programs Such as Scared Straight," *Crime and Delinquency* 46, no. 3（2000）：354-79.

第 15 章：高爾頓的橢圓

145:「我開始用一張畫了橫格的紙」：Francis Galton, "Kinship and Correlation," *North American Review* 150（1890）, 419-31.

146: 或至少是再次發明它：有關散布圖的歷史都採自 Michael Friendly and Daniel Denis, "The Early Origins and Development of the Scatterplot," *Journal of the History of the Behavioral Sciences* 41, no. 2（Spring 2005）：103-30.

152:〔等值線圖〕：Stanley A. Changnon, David Changnon, and Thomas R. Karl, "Temporal and Spatial Characteristics of Snowstorms in the Contiguous United States," *Journal of*

Applied Meteorology and Climatology 45, no. 8（2006）: 1141-55.

152: 第一張等值線圖：有關哈雷的等值線圖的資料採自 Mark Monmonier, *Air Apparent: How Meteorologists Learned to Map, Predict, and Dramatize Weather,* （Chicago: University of Chicago Press, 2000）, 24-25.

156: 美國五十個州：感謝 Andrew Gelman 提供的數據與圖像。

159: 三部主要小說：Michael Harris, "An Automorphic Reading of Thomas Pynchon's *Against the Day*"（2008），可下載於 www.math.jussieu.fr/~harris/Pynchon.pdf （accessed Jan. 14, 2014）。也請看 Roberto Natalini, "David Foster Wallace and the Mathematics of Infinity," in *A Companion to David Foster Wallace Studies*（New York: Palgrave MacMillan, 2013）, 43-58, 此文以類似的方式解釋《無限詼諧》，不僅在其中找到拋物線與雙曲線還有擺線（cycloid），擺線來自於把拋物線作反演運算。

160:「對於有成就的數學家而言，這個問題也許沒什麼困難」：Francis Galton, *Natural Inheritance*（New York: Macmillan, 1889）, 102.

161:「貝迪永的卡片櫃」：Raymond B. Fosdick, "The Passing of the Bertillon System of Identification," *Journal of the American Institute of Criminal Law and Criminology* 6, no. 3（1915）: 363-69.

162: 身高相對於「肘長」：Francis Galton, "Co-relations and Their Measurement, Chiefly from Anthropometric Data," *Proceedings of the Royal Society of London* 45（1888）: 135-45; and "Kinship and Correlation," *North American Review* 150（1890）: 419-31. 在 1890 年的論文裡，高爾頓自己說：「貝迪永先生的系統如果繼續加以改良，一個自然的問題就是，它是否有極限。多量度一個肢體的數據，是不是就會增加辨識的精準度？同一個人，身體各部分的大小，某種程度是相互關連的。一隻大手套或大號的鞋，顯示它的主人應該是個大塊頭。知道一個人有一隻大手套與一隻大鞋子，比只知道兩個事實中的一個，並沒有增加多少訊息。以為增加量度的數目就會讓人體測定法更為精準，這種想法大錯特錯。牢房多加幾重，安全性就會很快上升，這是不能拿來與人體測定法相比的。牢房之間彼此獨立，因此每增加一重牢房，會倍增原來的安全性。然而同一個人的四肢長度，與身體大小肥瘦並非相互獨立，所以每增加一個量度，反而會使辨認的精度遞減。

171:「正如其他多數新奇觀點」：Francis Galton, *Memories of My Life,* 310.

177: 在最近美國最高法院的口頭辯論中：*Briscoe v. Virginia,* oral argument, Jan. 11,

2010, available at www.oyez.org/cases/2000-2009/2009/2009_07_11191（accessed Jan. 14, 2014）.

179:「所有的高收入地區」：David Brooks, "One Nation, Slightly Divisible," *Atlantic,* Dec. 2001.

179: 統計學家格爾曼發現：Andrew E. Gelman et al., "Rich State, Poor State, Red State, Blue State: What's the Matter with Connecticut?" *Quarterly Journal of Political Science* 2, no. 4（2007）: 345-67.

179: 在某些州，像是德州與威斯康辛州：數據請參閱 Gelman, *Rich State, Poor State, Red State, Blue State*（Princeton, NJ: Princeton University Press, 2008）, 68-70.

182: 在 2011 年就因為："NIH Stops Clinical Trial on Combination Cholesterol Treatment," NIH News, May 26, 2011, www.nih.gov/news/health/may2011/nhlbi-26.htm （accessed Jan. 14, 2014）.

183: 反而會增加心臟疾病的風險："NHLBI Stops Trial of Estrogen Plus Progestin Due to Increased Breast Cancer Risk, Lack of Overall Benefit," NIH press release, July 9, 2002, www.nih.gov/news/pr/jul2002/nhlbi-09.htm（accessed Jan. 14, 2014）.

183: 單用動情素：Philip M. Sarrel et al., "The Mortality Toll of Estrogen Avoidance: An Analysis of Excess Deaths Among Hysterectomized Women Aged 50 to 59 Years," *American Journal of Public Health* 103, no. 9（2013）: 1583-88.

第 16 章：肺癌令你抽菸嗎？

190: 抽菸與肺癌有高度相關：把抽菸與肺癌關連起來的早期歷史採自 Colin White, "Research on Smoking and Lung Cancer: A Landmark in the History of Chronic Disease Epidemiology," *Yale Journal of Biology and Medicine* 63（1990）: 29-46.

190: 道爾與希爾合作的著名論文：Richard Doll and A. Bradford Hill, "Smoking and Carcinoma of the Lung," *British Medical Journal* 2, no. 4682（Sept. 30, 1950）: 739-48.

191: 有沒有可能這種狀況：費雪在 1958 寫了這段話，引自 Paul D. Stolley, "When Genius Errs: R. A. Fisher and the Lung Cancer Controversy," *American Journal of Epidemiology* 133, no. 5（1991）.

193: 近代更多的研究工作佐證了他的直覺：請參閱 Dorret I. Boomsma, Judith R.

Koopmans, Lorenz J. P. Van Doornen, and Jacob F. Orlebeke, "Genetic and Social Influences on Starting to Smoke: A Study of Dutch Adolescent Twins and Their Parents," *Addiction* 89, no. 2（Feb. 1994）: 219-26.

193:「作者沒有站到正確的一方」: Jan P. Vandenbroucke, "Those Who Were Wrong," *American Journal of Epidemiology* 130, no. 1（1989）, 3-5.

193: 不少權威人士在檢查過伯尼引用的證據後: Jon M. Harkness, "The U.S. Public Health Service and Smoking in the 1950s: The Tale of Two More Statements," *Journal of the History of Medicine and Allied Sciences* 62, no. 2（Apr. 2007）: 171-212.

194: 卓越的作品: 同上。

195:「有可能構思，卻不可能執行。」: Jerome Cornfield, "Statistical Relationships and Proof in Medicine," *American Statistician* 8, no. 5（1954）: 20.

196: 距離造成災難的程度: 關於 2009 的流感請參閱 Angus Nicoll and Martin McKee, "Moderate Pandemic, Not Many Dead-Learning the Right Lessons in Europe from the 2009 Pandemic," *European Journal of Public Health* 20, no. 5（2010）: 486-88。比較近期的研究顯示全球死亡數遠高於原先所估計，或許應在 250,000 之譜。

199:「癌症是生物問題而非統計問題」: Joseph Berkson, "Smoking and Lung Cancer: Some Observations on Two Recent Reports," *Journal of the American Statistical Association* 53, no. 281（Mar. 1958）: 28-38.

199:「這有點像研究」: 同上。

199:「假如人口裡 85% 到 95%」: 同上。

第 17 章：沒有民意這種東西

206: 2011 年 1 月 CBS 新聞做了一次民調: "Lowering the Deficit and Making Sacrifices," Jan. 24, 2011, www.cbsnews.com/htdocs/pdf/poll_deficit_011411.pdf（accessed Jan. 14, 2014）.

206: 2011 年 2 月皮尤研究中心做了一項民調: "Fewer Want Spending to Grow, But Most Cuts Remain Unpopular," Feb. 10, 2011, www.people-press.org/files/2011/02/702.pdf.

207:「對於這些數據最真切的解讀就是，公眾想吃免費的午餐」: Bryan Caplan, "Mises and Bastiat on How Democracy Goes Wrong, Part II"（2003）, Library of Economics and Liberty, www.econlib.org/library/Columns/y2003/CaplanBastiat.html

（accessed Jan. 14, 2014）.

207:「人民要削減開支」：Paul Krugman, "Don't Cut You, Don't Cut Me," *New York Times,* Feb. 11, 2011, http://krugman.blogs.nytimes.com/2011/02/1l/dont-cut-you-dont-cut-me.

207:「許多人看來像是要砍倒森林，但又要保留樹木」："Cutting Government Spending May Be Popular but There Is Little Appetite for Cutting Specific Government Programs," Harris Poll, Feb. 16, 2011,.wwwharrisinteractive.com/NewsRoom/HarrisPolls/tabid/447/mid/l508/articleId/693/ctl/ReadCustom%20Default/Default.aspx（accessed Jan. 14, 2014）.

209: 只有 47% 的美國人：數字引自前所徵引的 2011 年 1 月 CBS 民調。

209: 2010 年 10 月的一項民調："The AP-GfK Poll, November 2010," questions HCI and HCI4a, http://surveys.ap.org/data/GfK/AP-GfK%20Poll%20November%20Topline-nonCC.pdf.

214:「這句話看起來表達了極高的人性關懷」：*Annals of the Congress of the United States,* Aug. 17, 1789.（Washington, DC: Gales and Seaton, 1834）, 782.

216:「最高法院只是嘴皮上講講」：*Atkins v. Virginia,* 536 US 304（2002）.

216: 阿希爾・阿馬爾與維克拉姆・阿馬爾："Akhil Reed Amar and Vikram David Amar, Eighth Amendment Mathematics（Part One）: How the Atkins Justices Divided When Summing," *Writ,* June 28, 2002, writ.news.findlaw.com/amar/20020628.html （accessed Jan. 14, 2014）.

218: 總共對六百餘人執行死刑：數字採自 Death Penalty Information Center, www.deathpenaltyinfo.org/ executions-year（accessed Jan. 14, 2014）..

220: 你甚至能夠訓練黏菌走迷宮：Atsushi Tero, Ryo Kobayashi, and Toshiyuki Nakagaki, "A Mathematical Model for Adaptive Transport Network m Path Finding by True Slime Mold," *Journal of Theoretical Biology* 244, no. 4（2007）: 553-64.

220: 拉提與畢克曼：Tanya Latty and Madeleine Beekman, Irrational Decision-Making in an Amoeboid Organism: Transitivity and Context-Dependent Preferences, *Proceedings of the Royal Society B: Biological Sciences* 278, no. 1703（Jan. 201I）: 307-12.

226: 椋鳥、蜜蜂和蜂鳥：Susan C. Edwards and Stephen C. Pratt, Rationality in Collective Decision-Making by Ant Colonies," *Proceedings of the Royal Society B: Biological Sciences* 276, no. 1673（2009）: 3655-61.

227: 心理學家希帝奇地斯、艾瑞里、歐爾森：Constantine Sedikides, Dan Ariely,

and Nils Olsen, "Contextual and Procedural Determinants of Partner Selection: Of Asymmetric Dominance and Prominence," *Social Cognition* 17, no. 2（1999）：118-39。也請參閱 Shane Frederick, Leonard Lee, and Ernest Baskin, "The Limits of Attraction"（working paper），此文論證在實驗室人為情景之外，「不對稱控制效應」在人身上作用的證據甚弱。

229:「應歸入最偉大的改良之列」：John Stuart Mill, *On Liberty and Other Essays*（Oxford: Oxford University Press, 1991），310.

230: 2009 年的市長競選：票數統計採自 "Burlington Vermont IRV Mayor Election," http:// rangevoting.org/Burlington.html（accessed Jan.15, 2014）. 也請參閱佛蒙特州政治科學家 Anthony Gierzynski 對選舉的評估 "Instant Runoff Voting," www.uvm.edu/~vlrs/IRVassessment.pdf（accessed Jan. 15, 2014）. .

233:「le mouton enragé」：Ian MacLean and Fiona Hewitt, eds., *Condorcet: Foundations of Social Choice and Political Theory*（Cheltenham, UK: Edward Elgar Publishing, 1994），7.

234:「我必須不是按照我認為合理就行動」：採自 Condorcet, *"Essay on the Applications of Analysis to the Probability of Majority Decisions,"* in Ian MacLean and Fiona Hewitt, Condorcet, 38.

235:「數學郎中」：有關康多塞、傑弗遜、亞當斯的材料採自 MacLean and Hewitt, Condorcet, 64.

235: 花了較長時間拜訪：本節關於伏爾泰與康多塞關係的材料多採自 David Williams, "Signposts to the Secular City: The Voltaire-Condorcet Relationship," in T. D. Hemming, Edward Freeman, and David Meakin, eds., *The Secular City*: *Studies in the Enlightenment*（Exeter, UK: University of Exeter Press, 1994），120-33.

236: 康多塞倒是跟日後的費雪一樣：Lorraine Daston, *Classical Probability In the Enlightenment*（Princeton, NJ: Princeton University Press, 1995），99.

236:「很漂亮又令人震驚」：寫在 1775 年 6 月 3 日致 Suard 夫人函件，Williams, "Signposts" 第 128 頁曾加引用。

第 18 章：「我從虛空中創造出一個新奇宇宙」

242:「絕對不要企圖進軍平行公設」：引文及玻亞伊在非歐幾何上的工作多參考 Amir Alexander, *Duel at Dawn: Heroes, Martyrs, and the Rise of Modern Mathematics*

（Cambridge, MA: Harvard University Press, 2011），part 4.

243:「讚美此文好似在讚美在下」：Steven G. Krantz, *An Episodic History of Mathematics*（Washington, DC: Mathematical Association of America, 2010），171.

249: 但是最高法院卻說不行：In *Bush v. Gore,* 531 U.S. 98（2000）.

249:「形式主義萬歲」：Antonin Scalia, *A Matter of Interpetation: Federal Courts and the Law*（Princeton, NJ: Princeton University Press, 1997），25.

251:「裁判表現最好的球賽」：經常為人所引用，例如請參閱 Paul Dickson, *Baseball's Greatest Quotations, rev. ed.*（Glasgow: Collins, 2008），298.

251: 基特知道那不是全壘打：公平的說，「基特知道了什麼，什麼時候知道？」這個問題自始至終也沒有解決。在 2011 年接受 Cal Ripken, Jr. 訪問時，基特承認洋基「交了好運」，卻不願意進一步說，他應該被判出局。然而他是該被判出局的。

252:「大多數最高法院同意去裁定的」：採自 Richard A. Posner, "What's the Biggest Flaw in the Opinions This Term?" *Slate,* June 21, 2013.

253: 國會的本意：例如可參閱史卡利爾在 *Green v. Bock Laundry Machine Co.,* 490 U.S. 504（1989）的協同意見書。

254:「我們著手探討科學的基礎時」：希爾伯特演講英譯請參閱 Mary Winston Newson, *Bulletin of the American Mathematical Society,* July 1902, 437-79.

255:「桌子、椅子、啤酒杯」：Reid, *Hilbert,* 57.

260:「一位細心的讀者」：Hilbert, "Über das unendliche," *Mathematische Annalen* 95（1926）: 161-90; trans. Erna Putnam and Gerald 1. Massey, "On the Infinite," in Paul Benacerraf and Hilary Putnam, *Philosophy of Mathematics,* 2^d ed.（Cambridge, UK: Cambridge University Press, 1983）.

261: 陶哲軒就在尼爾森的論證裡找出錯誤：如果你想看認真的數學家緊跟在後的情形，你能從以下數學部落格的即時討論中領教其滋味：*The N-Category Cafe* from September 27, 2011, "The Inconsistency of Arithmetic," http://golem.ph.utexas.edu/category/2011/09/the_inconsistency_of_ arithmeti.html（accessed Jan. 15, 2014）.

262:「標準的數學家」：Phillip J. Davis and Reuben Hersh, *The Mathematical Experience*（Boston: Houghton Mifflin, 1981），321.

262: 拉曼努江是來自南印度的神童：如想知道更多拉曼努江的生平與工作，可參閱甚為暢銷的書 Robert Kanigel, *The Man Who Knew Infinity*（New York: Scribner, 1991）.

263: 明可夫斯基：Reid, *Hilbert*, 7.

264: 心理學家現在稱之為「意志力」：例如請參閱 Angela Lee Duckworth 的作品。

266:「需要上千的人力」：1903 年 3 月 17 日馬克吐溫寫給年輕的海倫・凱勒，可見 "The Bulk of All Human Utterances Is Plagiarism," Letters of Note, www.lettersofnote. com/2012/05/bulk-of-all- human- utterances-is.html（accessed Jan. 15, 2014）．

266:「普通人心中」：Terry Tao, "Does One Have to Be a Genius to Do Maths?" http:// terrytao. wordpress.com/career-advice/does-one-have-to-be-a-genius-to-do-maths（accessed Jan. 15, 2014）．

268: 矛盾本質："Kurt Gödel and the Institute," Institute for Advanced Study, www.ias. edu/people/ godel/institute.

269: 他還是拒絕在 1914 年的〈致文化世界的宣言〉簽署：*Hilbert, 137*.

269: 描述了生日慶祝會上的對話：Constance Reid, *Hilbert*（Berlin: Springer-Verlag, 1970）, 210.

270: 我們通常無法避免遭遇："An Election Between Three Candidates," a section of Condorcet's *"Essay on the Applications of Analysis,"* in MacLean and Hewitt, Condorcet.

結語　如何做才會正確

277: 他一生從來沒因憤怒而拿起武器：因為沃德曾經在羅馬尼亞的軍隊裡服役，所以我其實也不敢確定他真的沒有。

277:〈即刻修補〉：首見於 Ashbery 的 1966 書 *The Double Dream of Spring*，你可以在網上閱讀 www.poetryfoundation.org/poem/l77260（accessed Jan. 15, 2014）．

278:〈騎在牆頭〉：首見於「籠中鳥」第一張唱片 *London 0 Hull 4*.

279: 我想席弗是機率裡的柯本：部分材料採自 2012 年 9 月 22 日《波士頓環球報》我對席弗的書《*The Signal and the Noise*》所寫的書評。

280:「在辯論之前的 9 月 30 日」：Josh Jordan, "Nate Silver's Flawed Model," *National Review Online,* Oct. 22, 2012, www.nationalreview.com/articles/331192/nate-silver-s-flawed-model-josh-jordan（accessed Jan. 15, 2014）．．

280:「羅姆尼大有可能會贏」：Dylan Byers, "Nate Silver: One-Term Celebrity?" *Politico,* Oct. 29, 2012.

282: 席弗認為有看頭的州：Nate Silver, "October 25: The State of the States, *New York*

Times, Oct. 26, 2012.

283:「相信某事就是相信某事為真」：Willard Van Orman Quine, *Quiddities: An Intermittently Philosophical Dictionary*（Cambridge, MA: Harvard University Press, 1987）, 21.

283: 歐巴馬有 67% 的機會：因為席弗沒有公布他的數字，所以這些不是的真正數字，是我杜撰來解說他在選舉前會做什麼樣的預測。

285: 有時候人民是說話了：改寫自我的文章 "To Resolve Wisconsin's State Supreme Court Election, Flip a Coin," *Washington Post,* Apr. 11, 2011.

286:「他不懂得體恤別人」：採自 *The Autobiography of Benjamin Franklin*（New York: Collier, 1909）, www.gutenberg.org/cache/epub/l48/pg148.html（accessed Jan. 15, 2014）.

287: 它們的推理模組就會耗損而停止："I, Mudd," Star Trek, air date Nov. 3, 1967.

287:「第一等智力的檢驗」：F. Scott Fitzgerald, "The Crack-Up," *Esquire,* Feb. 1936.

288: 據說拓樸學家賓：例如可參閱 George G. Szpiro, *Poincaré's Prize: The Hundred-Year Quest to Solve One of Math's Greatest Puzzles*（New York: Dutton, 2007）.

289:「我不能走下去，我要走下去」：Samuel Beckett, *The Unnameable*（New York: Grove Press, 1958）.

290: 決心要記錄並中和：我討論華萊士的部分多採自我在 2008 年 9 月 18 日發表在 *Slate* 的文章 "Finite Jest: Editors and Writers Remember David Foster Wallace," www.slate.com/articles/arts/culturebox/2008/09/finite_jest_2.html.

290:「你就會走上希帕蘇斯的路」：Samuel Beckett, *Murphy*（London: Routledge, 1938）.

科學天地 150A

數學教你不犯錯／下
搞定期望值、認清迴歸趨勢、弄懂存在性
HOW NOT TO BE WRONG：The Power of Mathematical Thinking

原著 —— 艾倫伯格（Jordan Ellenberg）
譯者 —— 李國偉
科學天地叢書顧問群 —— 林和、牟中原、李國偉、周成功

總編輯 —— 吳佩穎
編輯顧問 —— 林榮崧
責任編輯 —— 陳妍妏（特約）、吳欣庭（特約）、林文珠
封面設計 —— 江儀玲

出版者 —— 遠見天下文化出版股份有限公司
創辦人 —— 高希均、王力行
遠見・天下文化 事業群榮譽董事長 —— 高希均
遠見・天下文化 事業群董事長 —— 王力行
天下文化社長 —— 林天來
國際事務開發部兼版權中心總監 —— 潘欣
法律顧問 —— 理律法律事務所陳長文律師
著作權顧問 —— 魏啟翔律師
社址 —— 台北市 104 松江路 93 巷 1 號 2 樓
讀者服務專線 —— 02-2662-0012 ｜ 傳真 —— 02-2662-0007, 02-2662-0009
電子郵件信箱 —— cwpc@cwgv.com.tw
直接郵撥帳號 —— 1326703-6 號　遠見天下文化出版股份有限公司

排版廠 —— 宸遠彩藝有限公司
製版廠 —— 東豪印刷事業有限公司
印刷廠 —— 祥峰印刷事業有限公司
裝訂廠 —— 聿成裝訂股份有限公司
登記證 —— 局版台業字第 2517 號
總經銷 —— 大和書報圖書股份有限公司　電話／(02)8990-2588
出版日期 —— 2016/01/29 第一版第 1 次印行
　　　　　　2024/01/12 第二版第 1 次印行

國家圖書館出版品預行編目 (CIP) 資料

數學教你不犯錯 . 下：搞定期望值、認清
迴歸趨勢、弄懂存在性 / 艾倫伯格 (Jordan
Ellenberg) 著；李國偉譯 . -- 第一版 . -- 臺
北市：遠見天下文化 , 2016.1
　　面；　公分 . -- (科學天地；150)
譯自：How not to be wrong : the power
of mathematical thinking
ISBN 978-986-320-911-9(平裝)
1. 數學　2. 通俗作品

310　　　　　　　　　　　104028119

定價 —— NT$450
4713510944257
書號 —— BWS150A
天下文化官網 —— bookzone.cwgv.com.tw